처음 살림법 왕초보를
위한 넓고 많은 살림 지식

初次生活的
智慧

244个幸福
做家务的方法

[韩] 边惠玉 著　邓瑾又 译

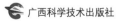

广西科学技术出版社

著作权合同登记号　桂图登字：20-2017-084号

图书在版编目（CIP）数据

初次生活的智慧：244个幸福做家务的方法 /（韩）边惠玉著；邓瑾又译. —南宁：广西科学技术出版社，2020.8
ISBN 978-7-5551-1289-1

Ⅰ.①初… Ⅱ.①边… ②邓… Ⅲ.①家庭生活—基本知识 Ⅳ.①TS976.3

中国版本图书馆CIP数据核字（2020）第044616号

CHUCI SHENGHUO DE ZHIHUI：244 GE XINGFU ZUO JIAWU DE FANGFA
初次生活的智慧：244个幸福做家务的方法

[韩]边惠玉　著　　邓瑾又　译

策划编辑：刘　洋	责任编辑：蒋　伟
产品监制：冯　兰	版权编辑：尹维娜
责任审读：张桂宜	责任校对：张思雯
责任印制：高定军	封面设计：古涧千溪
版式设计：谢玉恩	营销编辑：芦　岩　曹红宝

出　版　人：卢培钊　　　　　　　出版发行：广西科学技术出版社
社　　　址：广西南宁市东葛路66号　邮政编码：530023
电　　　话：010-58263266-804（北京）
　　　　　　　　　　　　　　　　0771-5845660（南宁）
传　　　真：0771-5878485（南宁）
网　　　址：http://www.ygxm.cn　　在线阅读：http://www.ygxm.cn

经　　　销：全国各地新华书店
印　　　刷：唐山富达印务有限公司　邮政编码：301505
地　　　址：唐山市芦台经济开发区农业总公司三社区
开　　　本：710mm×980mm　1/16
字　　　数：300千字　　　　　　　印　　张：18
版　　　次：2020年8月第1版　　　印　　次：2020年8月第1次印刷
书　　　号：ISBN 978-7-5551-1289-1
定　　　价：78.00元

序言 / PROLOGUE
让无聊的家务事变得有乐趣

　　大家好，我是韩国籍但与日本籍老公结婚后定居在日本的边惠玉。虽然说结婚后来到日本成为全职家庭主妇，但是一开始却对家务事一窍不通。因为清洗打扫、整理等这些家务事以前统统都是妈妈做的，婚后独立生活需要亲自上阵，才发现看似简单的家务做起来其实一点都不简单。

　　有了这些每天在日常生活中都会不断产生的苦恼后，我对家务这方面的关注度也逐渐提高。幸好，在日本关于介绍生活智慧方面的电视节目和书籍有很多，这让我十分容易接收到这类信息。再加上有妈妈与婆婆做强大后盾，可以随时向她们请教，结婚 9 年以来，我还真的累积了不少居家生活问题的解决妙招。将这些妙招实际运用到生活中，不论是清洁、收纳还是做饭，都帮我节省了不少时间与金钱。这些日积月累、亲测有效的生活小妙招，若只有我自己使用不免有些可惜，因此特结集成书与大家一同分享。

　　就如同书名《初次生活的智慧：244 个幸福做家务的方法》所示，本书中的内容尽可能地挑选轻松简单、容易上手的方法。因为无论介绍的方法有多好，只要无法照着做，那就一点用处也没有，所以本书中没有复杂、难操作的方法，介绍的都是一看就会，马上就能应用在生活中的方法。更重要的是，书中介绍的所有方法都是我亲自使用且

见证过其效用的。在海量的生活信息中，若是全都有效当然最好，然而在真正尝试后常发现，有一些方法的效果并不尽如人意，像这样的内容我当然就不会收录在书中。但也有不少方法，我当初是抱着"真的可以这样吗？"的半信半疑的心态，在实验过后，发现效果出奇地惊人。本书中的每一个方法都是我多次实验并且实地拍照验证过的，是为精打细算的你们，整理出的不需要太多花费的便捷简单的方法。若你实践后发现某个产品的效果比市面上宣传的效果更好，那真是让人感到有趣又神奇。阅读本书时，相信你一定很想与大家分享你用过的方法，翻到感兴趣的内容请实际尝试一下，相信你绝不会后悔的。

其他人在书的结尾总喜欢说感谢的话，我这次则是想要传达爱。我为了拍照，连续3周让老公穿同一件衬衫饱受折磨；当穿了2周脏衬衫的老公说"这好像有味道了"时，还回答他"应该是弹性纤维的缘故"，强迫他继续穿。对此，我只能向他表示歉意："亲爱的，谢谢你对我的爱，我爱你！"

边惠玉

目录 / CONTENTS

七
其他

家事新手
必知

家事新手必知

食醋 # 柠檬酸

食醋与柠檬酸均属于酸性物质，效果类似。食醋的优点是极易购买；柠檬酸则因为是浓缩的，使用效果会更佳，且没有食醋的呛酸味。书中相关内容会注明需要使用食醋还是柠檬酸，但两者通常可以互相代替。

食醋
富含的酸性成分可用于去除含碱性成分的水垢。食醋的抗菌与除味效果卓越，用于清洁也十分安全。

柠檬酸
是浓缩制品，若不喜欢食醋的呛酸刺鼻味，可改用液体柠檬酸，或将柠檬酸粉加水稀释后使用。

小苏打 # 发酵粉

作为清洁用剂使用时，请选择小苏打。而作为抛光用的研磨剂使用时，两者均可。但是在清洁食物或碗盘时，请使用可食用的小苏打粉或发酵粉。

小苏打
成分为碳酸氢钠，属于碱性物质，可以去除含酸性的油渍，也可以去除异味或当抛光的研磨剂使用。

发酵粉
因为在小苏打中添加了其他成分，所以多用于发酵食物方面。在清洁方面与小苏打相比，效果差一些。

漂白水 # 彩漂液

漂白水和彩漂液都有较强的清洁力，选择时要看具体的使用对象。漂白水是含氯系漂白剂的代表性商品，漂白效果很强，可以让衣物褪色，但也伤害皮肤。因此，使用时必须戴胶皮手套，且要注意通风，不能与其他洗剂混合使用。除了在去除硅胶上附着的霉菌时使用外，其他情况则不太建议使用漂白水。而以我本身的经验而言，漂白水的使用频率也很低，所以不建议大家以漂白水取代彩漂液使用。

漂白水
漂白水中含有一定浓度的次氯酸钠，可以用来漂白衣物，也可以利用其发泡性来清洁洗衣机或排水管。

彩漂液
彩漂液的主要成分是过氧化氢，可用于洗涤色彩艳丽的衣物以及麻、毛质地的衣物。

酒精

酒精就是乙醇，依照浓度不同而有价格差异，本书中所提到的大部分是消毒用酒精。99.5% 以上浓度的酒精称为无水酒精，价格略高。清洁时使用 75% 浓度的消毒专用的酒精即可。

一

清洁

清洁的正确顺序

节约度 ★
省时度 ★ ★ ★
推荐度 ★ ★ ★

清洁前先整理

若是清洁后却看不出干净的模样，原因就出在清洁前没有先整理好。在灰尘堆积前，先将移动过的物品放回原处再开始清洁。将要清洗的衣物放进洗衣机，干净的衣服折好或吊挂再收进衣橱内，洗好的碗盘也先收拾好，书桌上散乱的书籍一一放回书柜中！反正重点就是所有物品都要先归回原处，若直接散乱各处，那就毫无清洁的意义。

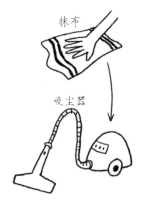

抹布

吸尘器

灰尘由上往下抖落

打扫灰尘必须"由上往下"！这是非常重要的扫除要领。因为重力的关系，灰尘会往下掉落，若先擦拭地板，之后再清理家具或家电，那么家具或家电上的灰尘又会掉落在地板上，地板又得重擦。灯具→书柜→桌子→椅子，依此顺序由上往下将灰尘抖落，最后，再来清洁地板。建议擦拭家具表面时，在水中加入3—4滴衣物柔软剂，再将抹布浸湿使用，能够防止产生静电并且减少灰尘堆积。

先用抹布擦，再用吸尘器

清洁时，一般都会先用吸尘器将灰尘吸干净，再用抹布擦拭，但其实这样的清洁顺序是不对的，请调换此顺序吧。

阳光的照射下，稍微一动就会看见灰尘满天飞，大家都曾有过这种经历吧？灰尘十分轻，因此，启动吸尘器时产生的气流会让地板上的灰尘往上飞。这时即使再用抹布擦拭，灰尘还是会慢慢地掉落在地板上，就会失去清洁的意义。先用抹布将地板上的灰尘擦掉，接着，再用吸尘器将擦拭时产生的灰尘吸干净。若是使用拖把，不要像冰壶运动员般以超快速度擦拭，而应慢慢移动，灰尘就不会四处飞扬了。

清洁地板时，由外往内

擦拭地板或用吸尘器吸地板时，通常会从插座附近开始，但其实由外往内的顺序才正确。如果由外往内打扫的话，就不会踩到已经干净的地方。尤其是在以湿布擦拭地板时，若脚踩踏到水还未全干的地板，就会留下痕迹，因此，应该尽可能将清洁顺序调换过来。

最后整理

整理、清扫灰尘与清洁地板都结束后，再好好环绕检视家中一次。肉眼看不见的灰尘或没整理好的空间，隔天再次清洁一次，千万不要懒惰。以这种方法清洁，就能真切地感受到清洁前后的差别。

\# 清洁顺序 \# 由上往下 \# 由外往内 \# 先擦拭再使用吸尘器

4 种纱窗清洁工具

节约度 ★ ★ ★
省时度 ★ ★ ★
推荐度 ★ ★ ★

清洁纱窗、蚊帐以及防蚊门帘时，大家通常都是先取下清洁，然后再放回或挂回原处，实在麻烦，而且取纱窗也有一定的危险性。然而，放在外边的纱窗因为空气污染、厨房油烟或灰尘等附着在上，可能会脏到由内根本看不到外面。现在就介绍 4 种能够简单清洁纱窗的好用工具。

刷子
（清洁度 ★ ★ ★ ★ ★ | 便利性 ★ ★ ★ ★ ★）

刷子可以将纱窗上的灰尘刷掉，甚至连粘在纱窗上的油垢都能干净地清理掉。不需要蘸水就能够将纱窗表面清理干净，是最简单又不危险的方法。刷子只要用肥皂清洗过就能再次使用，称得上是最佳清洁工具！

报纸 & 吸尘器
（清洁度 ★ ★ | 便利性 ★ ★）

在纱窗背面附着报纸，用吸尘器在另一面吸除灰尘，此方法虽然能去除灰尘，但是无法去除油垢。另一个麻烦是，在纱窗背面附着报纸稍嫌困难，若是在高楼层，这个方法也具有一定危险性，所以仅适用于较矮的楼层。

搓澡巾

（清洁度 ★★★★ | 便利性 ★★★★）

将搓澡巾蘸水后擦拭纱窗。由于尼龙材质可吸附油垢与灰尘，所以能有效清洁纱窗上的脏污。搓澡巾与刷子清洁纱窗的方法类似，但必须蘸水使用。

粘尘滚筒清洁器

（清洁度 ★★ | 便利性 ★★★★★）

用粘尘滚筒清洁器清洁纱窗与用报纸和吸尘器清洁纱窗异曲同工，可以去除灰尘但无法清洁污渍，但与后者相比是更便利的选择。

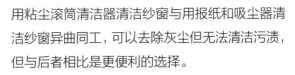

\# 纱窗清洁

3 去除墙壁污渍的 3 种方法

节约度 ★ ★ ★
省时度 ★ ★ ★
推荐度 ★ ★ ★

♥ **准备**　厨房清洁剂、牙膏、小苏打、牙刷、卫生纸

用厨房清洁剂去除较浅污渍

虽然整天在厨房中做饭，但是有时真的会忘记到底是何时沾上的污渍，那就用厨房清洁剂来去除这些污渍吧。为了拍摄清洁后的照片，我可是花了许多时间研究怎样去除污渍，才呈现出这些真实的对比结果。

清洁前　**清洁后**

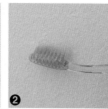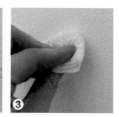

这样做

1 用牙刷蘸取少许厨房清洁剂。

2 以画圆的方式轻轻刷洗。

3 最后，用卫生纸擦拭即可。

用牙膏擦除圆珠笔痕迹

一开始担心牙膏能否把圆珠笔的痕迹清除干净，不敢轻易用圆珠笔在墙壁上画。但没想到牙膏的清洁效果如此厉害，一点痕迹都不留。牙膏啊，没想到你如此万能！

清洁前　　清洁后

   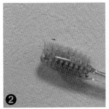 

这样做

1　牙刷蘸水后，蘸取少许牙膏。

2　在有圆珠笔痕迹的部位以画圆的方式刷洗。

3　当圆珠笔痕迹消失后，用卫生纸再擦拭一次；最后，再使用湿卫生纸做最后的清洁。

用小苏打去除深色污渍

烤肉时，木炭的烟灰会残留在墙壁上，用湿抹布擦拭，反而会扩大污渍的面积，使其变得更脏更丑，完全超出了我的忍受范围。这时候只要使用小苏打就能清洁干净。

清洁前　　清洁后

这样做

1　将小苏打与水以 2：1 的比例混合，就能制作出最棒的小苏打液。

2　将小苏打液涂抹在污渍处，停留约 10 分钟。

3　用卫生纸蘸取洗米水（若无，则以清水替代）后擦拭即可。

巧用牙膏 # 巧用小苏打

4 一周清洁浴室 3 次最完美

节约度 ★
省时度 ★★
推荐度 ★★★

💙 **准备** 抹布、浴室用中性清洁剂、刷子、牙刷

我一周大概会清扫 3 次浴室，定好清洁顺序后，每一个小地方都不错过地一一清洁干净。天花板、墙壁、浴缸、地板，依照这个顺序清洁的话，连霉菌都能被去除，真开心。

这样做

1 用抹布或刷子蘸取浴室清洁用的中性清洁剂（若无，以洗发水替代），先擦拭墙壁与浴缸。

2 将浴室收纳架的层架与洗发水、润发乳等底部擦拭干净。层架若潮湿就很容易滋生霉菌，收纳箱底部也是霉菌喜爱繁殖的地方。

3 4 地板用中性清洁剂擦拭，发霉处则以坚硬的刷子刷洗，容易积水的门缝处请以牙刷刷洗。

日常维护

平时应时常将浴室的抽风机打开。浴室使用后，用花洒对着墙壁与地板喷洒热水，可以将肥皂垢冲走。接着，再喷洒冷水，能够预防霉菌的滋生。

浴室清洁 # 消灭浴室霉菌

5 不使用马桶刷的马桶清洗法

节约度 ★
省时度 ★ ★
推荐度 ★ ★ ★

💚 **准备** 食醋、消毒用酒精、卫生纸

　　虽然知道手机或车子的方向盘比马桶更脏，但是还是无法克服心理障碍直接用双手清洗马桶。现在市面虽然有售卖马桶专用的马桶刷，但是刷洗一次后，上面就会布满细菌。现在就介绍不用马桶刷也能清洗马桶的方法。

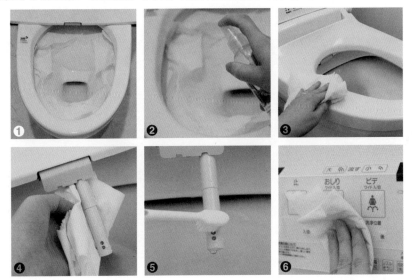

这样做

1 将卫生纸贴在马桶内部。冲水一次，马桶内的水汽会将卫生纸吸附住。

2 将食醋装在喷雾器内后朝卫生纸上喷洒，静置约 30 分钟后，进行第二次冲水，水会将卫生纸冲掉，食醋的味道也会随着水流而消失大半。静置期间需注意通风换气。（水压太低的话，马桶容易堵塞。如果你平时将卫生纸另外丢在垃圾桶内的话，可能不太适合使用此方法。）

3 将卫生纸以消毒用酒精浸湿，擦拭马桶外部与内部。

4 5 6 马桶喷水器则以纸巾蘸取消毒用酒精擦拭，喷水孔先喷洒消毒酒精后，再以牙刷刷洗。若是可拆式的喷水器，则先拆下后再进行消毒，其他部位也适用此方法进行消毒。

马桶清洁和消毒

6 去除浴室镜子水垢的 2 种方法

节约度 ★ ★ ★
省时度 ★ ★ ★
推荐度 ★ ★ ★

♥ 准备　食醋、厨房餐巾纸、牙膏、保鲜膜

　　浴室镜子沾到水后就容易形成水垢，这些水垢即便使用专用的药剂也很难清除。在水垢还不明显时，可以用食醋或牙膏进行清洁；若水垢变深，则可以同时使用牙膏与食醋清洁，效果翻倍！

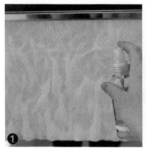  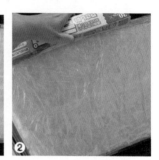

利用食醋

1　将厨房餐巾纸铺在镜子上，把食醋装在喷雾器内，往镜子上喷洒。

2　接着，以保鲜膜包裹住镜子静置 1—2 小时，再以清水冲洗干净。碱性的污渍可以用酸中和。为了防止食醋快速蒸发，以保鲜膜包住，效果更佳。

清洁前

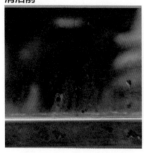

清洁后

利用牙膏

1 将保鲜膜揉皱后蘸取牙膏。但不要使用颗粒大的牙膏，这样会刮伤镜子。但若改以一般牙膏与海绵柔软部分擦拭的话，或许力度又不够，于是选择使用保鲜膜，就能够发挥百分之百的清洁效果，将污渍清洁干净啦！

2 将保鲜膜揉成小团后擦拭。

3 最后，再用清水冲洗干净。

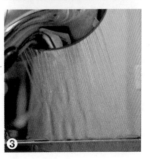

\# 浴室镜子水垢清洁 \# 巧用食醋 \# 巧用牙膏 \# 巧用保鲜膜

7 浴室硅胶与瓷砖
霉菌清除与预防

节约度 ★ ★ ★
省时度 ★ ★ ★
推荐度 ★ ★ ★

💜 准备　彩漂液、卫生纸、保鲜膜、粉笔或蜡笔、浴室专用清洁剂、刷子

　　浴室的硅胶接缝处容易渗透霉菌，让白色的硅胶由里面开始变黑，从外面不论怎么擦拭，都很难清洁干净。虽然可以用牙刷将瓷砖缝隙处的霉菌去除掉，但是浴室是用水的地方，霉菌轻易地就可以卷土重来。

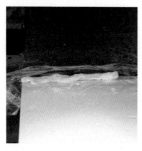

硅胶霉菌去除法

卫生纸以彩漂液浸湿铺在发霉处。使用时，务必注意通风并且戴上塑胶手套。在上方铺盖上保鲜膜 5—10 分钟。若不铺盖保鲜膜，彩漂液容易蒸发，效果就会大打折扣。可以依据霉菌状况延长保鲜膜铺盖的时间。最后，再以清水冲洗干净即可。

瓷砖缝隙霉菌去除法

等到水汽完全蒸发后，用粉笔或蜡笔涂抹瓷砖缝隙。不溶于水的粉笔或蜡笔可以形成一层膜，防止再度发霉。

瓷砖表面霉菌去除法

用浴室专用清洁剂喷洒后，再以刷子刷洗，就能去除霉菌。

硅胶清洁 # 瓷砖清洁 # 去除霉菌

8 去除浴室天花板霉菌

节约度 ★ ★
省时度 ★
推荐度 ★ ★

💚 **准备** 拖把、消毒用酒精、厨房餐巾纸、抹布

　　浴室里的白色瓷砖或硅胶之间的缝隙长出了黑色点点，这就是霉菌啊！每天用水的浴室湿气重，容易滋生霉菌，沾水的部分只要1—2天，就会长出湿滑的粉红色霉菌，再加上原本就附着在天花板上的霉菌正虎视眈眈地寻找着各种入侵的机会。现在，就利用拖把来清洁双手触碰不到的天花板吧。

清洁前　　　　　　　　　　**清洁后**

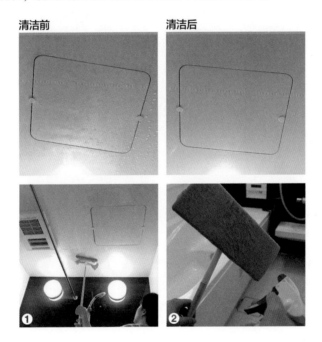

这样做

1 在拖把上绑上干抹布后，先擦掉天花板上的水汽。这时要不时将抹布拧干，多擦几次。

2 水汽消失后，再把厨房餐巾纸（或是另一条干抹布）绑在拖把上擦拭天花板。接着在拖把上的厨房餐巾纸（或抹布）上喷洒消毒用酒精，再一次擦拭天花板。

\# 浴室清洁 \# 去除霉菌

9 # 玻璃窗油漆去除法

❤ 准备　食醋、卫生纸、保鲜膜、卡片

　　为了更细致地装修室内，很多人可能会选择自己动手刷油漆，但刷油漆的过程中若不小心刷到玻璃上，会破坏美观。这时候，就得尽快将玻璃窗上的油漆去除掉。

这样做

1 将卫生纸折成与窗户上的油漆点差不多大小，用食醋浸湿后铺在油漆部位上。

2 为了不让食醋蒸发，在卫生纸上盖上一层保鲜膜，静置约 1 小时。

3 取下保鲜膜与卫生纸，用卡片将玻璃上的油漆刮下来即可。

 # 清洁玻璃窗 # 去除油漆 # 巧用食醋

洗脸台清洁法

节约度 ★ ★ ★
省时度 ★
推荐度 ★ ★

💛 准备　牛奶、柠檬、百洁布

　　洗脸台上容易附着皮脂与水垢。利用没喝完的牛奶来清洁洗脸台，牛奶中含有的脂肪可以帮忙融解并去除皮脂。另外，还能拿柠檬来清洁，柠檬中所含的柠檬酸能够去除水垢与皂垢。

用牛奶清洁

将一些牛奶倒在百洁布上后擦拭洗脸台；接着，再以清水冲洗干净即可。

用柠檬清洁

用榨汁后剩下的柠檬直接擦洗洗脸台，再以清水冲洗干净即可。

\# 浴室清洁 \# 巧用牛奶 \# 巧用柠檬

11 清洁洗衣机内槽

节约度 ★ ★ ★
省时度 ★
推荐度 ★ ★ ★

♥ 准备 彩漂液

　　买了 2 年的洗衣机，除了放要清洗的衣物时，洗衣机的盖子总是盖得紧紧的。然而，某一天，我的白色毛巾上竟然出现了数百个黑点，洗衣机的内槽中更是长出了可怕的黑色霉菌！洗衣服时，这些霉菌也跟着移转到衣服上。从那之后，我每三四个月就会清洁一次洗衣机内槽，以防止黑色点点再次跑出来。当不用洗衣机时，我也会将洗衣机盖打开，让它通风。

这样做

1 洗衣机内装满 50 ℃ 的热水（水温一定要够高才能溶化洗剂与霉菌）， 倒入两杯半的彩漂液（以 50 毫升 / 杯为基准）。

2 开启洗衣模式让洗衣机运转约 15 分钟，不要漂洗与脱水，就这样盖着盖子停留约半天。

3 接着，启动洗衣机以洗衣、漂洗、脱水的过程运转一次，霉菌就会溶解在水中。脱水后，再以清水清洗洗衣机一次即可。

\# 清洁洗衣机内槽

12 轻松擦拭玻璃窗

节约度 ★
省时度 ★ ★ ★
推荐度 ★ ★ ★

💛 准备　玻璃专用清洁剂、海绵、玻璃刮水器、干抹布或纸巾

　　清洁玻璃窗，通常会用报纸浸湿擦拭，但是报纸容易变烂，粘在玻璃窗上，光是擦拭干净一块玻璃窗就得花去不少力气。与所花费的时间及力气相比，玻璃窗还是没有那么透净。但是，若改用玻璃专用清洁剂加上玻璃刮水器擦拭，不仅花费时间短，玻璃窗还会干净到存在感为零。

 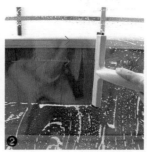 

这样做

1 将玻璃专用清洁剂喷在玻璃窗上；接着，以湿海绵擦拭玻璃窗，使泡沫布满整块玻璃。

2 从最上方开始，以玻璃刮水器由左往右推，所有的水就会被刮到最右边，这时不需理会这些水。

3 等到窗户上所有水都被刮至最右侧，再由上往下，用干抹布或纸巾擦拭干净。

擦玻璃

13 # 让开关周围的
手印统统消失

节约度 ★
省时度 ★ ★
推荐度 ★ ★ ★

❤ 准备　厨房清洁剂、消毒用酒精、毛巾、纸巾

　　每天开灯关灯都会触碰到的开关上，通常都沾有手指印，显得十分肮脏，只是肉眼不易看清，清洁时也很容易略过此处。但记得偶尔也要清洁一下开关，不然日积月累开关就会变得脏兮兮的。

这样做

1 先在热水中加入厨房清洁剂混合，浸湿毛巾后开始擦拭。

2 用毛巾轻轻地擦拭开关周围。厨房清洁剂内含有表面活性剂，可去除油污。

3 在干纸巾上倒些许酒精，不要让纸巾湿透。

4 以沾有酒精的纸巾擦拭开关表面，不仅能清洁，还能对手指经常碰触的开关进行消毒。

 # 清洁开关

14 用百洁布彻底清洁窗框

💚 准备　百洁布

　　窗户若时常开关，窗框上容易积有污垢。窗框的缝隙很多，必须擦拭很多次才能干净，清洁起来超级没效率。但若是使用刷碗用的百洁布的话，只要一次就能将窗框清洁得超级干净。

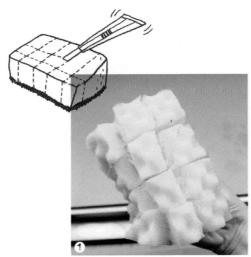

这样做

1 就像切杧果般，将百洁布切开成 1.5 厘米的小块。

2 以切剪好的百洁布擦拭窗框，百洁布缝隙与窗框贴合，就能将窗框的每个角落都清洁得十分干净了。

★ 百洁布无法触碰到的部分，比起用牙刷更建议用毛笔，毛笔可以将污垢清洁得更干净。

清洁窗框 # 以切杧果的方法处理百洁布

15 一次清除隐藏在
地毯里的灰尘与头发

节约度 ★ ★ ★
省时度 ★ ★ ★
推荐度 ★ ★

♥ 准备　塑胶手套

　　细长绵密的地毯中容易藏有灰尘与头发，即便用吸尘器清洁也很难完全清洁干净，让人无法随心所欲地躺在地毯上滚来滚去。现在，所有担心到此为止！只要一双塑胶手套，就能还你一张干净如新的地毯。

这样做

1 戴上塑胶手套，在地毯上以同一方向抚拭。

2 这时灰尘与头发就很容易跑出来了。

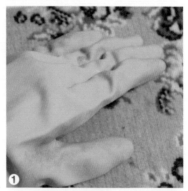

\# 地毯清洁 \# 去除地毯里的灰尘与头发 \# 巧用塑胶手套

16 去除地毯上的饮料污渍

节约度 ★ ★ ★
省时度 ★ ★ ★
推荐度 ★ ★

💙 **准备** 干毛巾、吸尘器

　　家里若铺设了地毯，无论再怎么小心都难免会发生洒落饮料、食物汤水的情况。每当饮料打翻时，虽然可以快速地用报纸吸干，但是若是咖啡、酱油等深色液体，就会残留痕迹。试试下面这个方法吧，可以快速地将地毯清洁干净。

  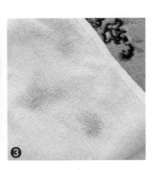

这样做

1 将水洒在饮料洒落的部位。

2 盖上一条干毛巾，将吸尘器的吸头换成小圆头，电源开至最强力约30秒。
　若无吸尘器，则以干毛巾用力拍打地毯。

3 等到毛巾上不再沾染颜色为止，移开毛巾。

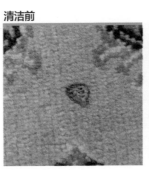
清洁前

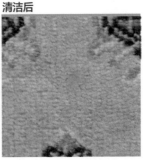
清洁后

地毯清洁 # 巧用吸尘器

17 巧用吸尘器清洁窗帘灰尘

节约度 ★ ★ ★
省时度 ★ ★
推荐度 ★ ★ ★

💜 **准备** 吸尘器、塑料绳（或细绳）

窗帘容易吸附灰尘并散发异味，这时就必须丢入洗衣机清洗了。清洗窗帘时，要将窗帘拆下，洗后又必须再挂回去。我家的窗帘总共有 160 个之多，一想到要清理，真的超想晕倒！后来，我发现只要在通风处以吸尘器吸入窗帘上的灰尘，就能够减少丢进洗衣机清洗的次数。这方法也适用于棉被的清洁。

这样做

1 在确认吸尘器吸头干净后，用塑料绳（或细绳）在吸尘器的吸头上缠绕数圈。这样可以防止窗帘被吸入吸尘器内。

2 将吸尘器由上往下慢慢地在窗帘上移动以吸入灰尘。这时，若吸尘器吸头本身就脏的话，反而会让污渍转移到窗帘上，因此，请务必先擦干净吸尘器的吸头或者换上床上用品专用的吸头吧。

 # 清洁窗帘 # 巧用吸尘器

18 去除阳台地板上的陈年污垢

💛 准备　食醋（或柠檬汁）、小苏打、刷子

　　阳台容易堆积灰尘，再加上雨水的缘故，灰尘容易变得结实并且牢牢地附着在阳台地板上，即使用刷子也很难清洁干净。这时只要在有灰尘处洒上食醋（或柠檬汁）与小苏打，就能够将灰尘清除掉。比起使用专门的浴室清洁剂，这个方法可以清除得更彻底。

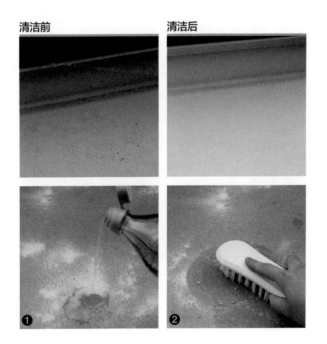

清洁前　　　　　　　清洁后

这样做

1　撒上小苏打后，再洒上食醋。不喜欢食醋味道的话也可以用柠檬汁替代。

2　利用清洁用的刷子刷洗后，再用冷水刷洗一次。

阳台清洁 # 巧用食醋 # 巧用小苏打

用保鲜膜清洁燃气灶

节约度 ★ ★ ★
省时度 ★
推荐度 ★ ★ ★

💙 **准备** 过碳酸钠、小苏打、厨房清洁剂、牙签、保鲜膜、抹布、牙刷

燃气灶上沾满了油污以及喷溅的汤汁。虽然想换成容易清洁的台面式燃气灶，但是由于我们两夫妻都喜欢中餐，而中式炒菜锅还是适合传统的燃气灶，因此我只好认真研究燃气灶的清洁方法啦。

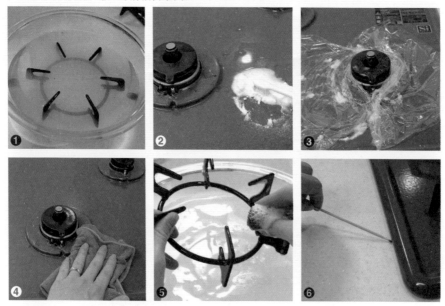

这样做

1 将燃气灶上可以分离的部分分离后，将灶台支架浸泡在用 1 升的水与 4 大勺过碳酸钠混合的水中。

2 接着，将 1 大勺小苏打与 2 大勺的水均匀混合后，以牙刷蘸取，刷洗燃气灶的面板。

3 油污处刷洗后，盖上保鲜膜静置 20 分钟。

4 用热水冲洗抹布，拧干后擦拭面板数次，以免留下白色的粉末痕迹。

5 将图 1 中浸泡过的灶台支架用热水冲洗后，再以厨房清洁剂清洗一次。

6 最后，用牙签将燃气灶面板与料理台缝隙间的食物残渣刮掉。

 # 燃气灶的清洁 # 巧用小苏打 # 巧用保鲜膜

20 安全的排水口清理法

节约度 ★ ★ ★
省时度 ★
推荐度 ★ ★ ★

♥ 准备　小苏打、食醋

　　排水口内部不易清洁，通常的处理方法是倒入彩漂液等待约 5 分钟后，再以清水冲洗。但这种方法容易产生异味，建议不妨改使用食醋与小苏打清洁。

这样做

1 将 1/2 杯的小苏打倒入排水口中。

2 再倒入 1/2 杯的食醋。

3 产生泡沫后等待约 1 小时。泡沫若溢出来可以盖上盖子，这样清洁效果更佳。

4 最后，再用热水冲洗干净即可。

 # 排水口清洁 # 巧用小苏打 # 巧用食醋

21 # 防止滤网产生黏液

💜 **准备** 铝箔纸

　　排水口容易产生黏液，看起来十分恶心。即使戴了塑胶手套，触感还是让人很不舒服，必须得克服恶心想吐的感觉才能清洁排水口。现在就教大家让排水口不再黏腻的方法。

这样做

将铝箔纸揉成球状放在排水口滤网上。铝箔纸沾水后会产生铝离子，而金属离子具有抗菌与杀菌的效果，如此一来，就能防止因细菌而产生黏液了。只要这样做，滤网上的黏腻物质就会减少许多。

过滤网清洁 # 巧用铝箔纸

22 将朦胧玻璃杯变新的 2 种方法

节约度 ★ ★ ★
省时度 ★ ★
推荐度 ★ ★

♥ 准备 旧毛衣、发酵粉、百洁布

　　清洗后，水汽蒸发掉留下的痕迹中含有钙，听起来似乎会使玻璃杯变得更坚固，但事实却是使原本透明的玻璃杯变得灰蒙蒙的，而且用一般清洁剂很难去除这种痕迹。现在就介绍可以将灰蒙蒙的水渍去除掉，使玻璃杯干净如新的 2 种方法。

用不穿的旧毛衣擦拭

将会产生静电或起球、已经不穿的毛衣剪成碎片后蘸一点水，拿来擦拭玻璃杯。擦拭一次后，用剩下的毛衣碎片再重复一次即可。

用发酵粉擦拭

百洁布蘸水拧干后，再蘸取一点发酵粉，拿来擦拭玻璃杯。比起用旧毛衣擦拭，这个方法更快速有效。由于杯子会接触到嘴巴，因此还是使用可食用的发酵粉更安全。

清洁前　　　　　　清洁后

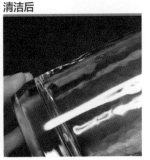

擦拭玻璃杯 # 巧用发酵粉 # 旧毛衣变抹布

23 # 去除微波炉异味

节约度 ★ ★ ★
省时度 ★ ★ ★
推荐度 ★ ★ ★

❤ 准备　柠檬汁（或食醋）、厨房餐巾纸

　　加热食物时，汤汁容易在微波炉内飞溅，使微波炉内变得一团糟，产生异味。如果马上擦拭，往往可以轻易擦掉；但若置之不理，之后就很难清除干净。此时，只要先用蒸汽融解微波炉内的食物污渍，就能够轻易擦拭干净。

这样做

1　将 5 大勺水与 1 大勺柠檬汁（或食醋）均匀混合，放入可加热的容器内。

2　将盛有柠檬汁（或食醋）水的容器放入微波炉内，加热 3—5 分钟。

3　当蒸汽充满微波炉内部后，用厨房餐巾纸擦拭即可。

★　也可以将 5 个橘子的皮放入微波炉内以中火加热 40 秒后再擦拭。柑橘类中含有的柠檬酸成分也能抗菌并且除臭。

去除微波炉异味 # 巧用柠檬汁 # 巧用橘子皮

24 去除厨房墙壁的油渍

节约度 ★ ★ ★
省时度 ★
推荐度 ★ ★

💜 准备　橘子皮、厨房餐巾纸

　　即使做饭时再小心，油还是会在不经意间飞溅在墙壁上形成油污。虽然在刚沾上去的瞬间就立即擦拭是最佳对策，但事实上经常是过一会儿就忘记了。这时候，只要利用橘子皮，就能轻易地将油污去除掉。

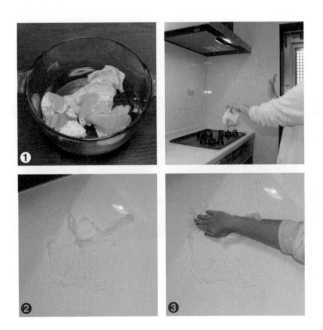

这样做

1 将 5 个橘子的皮与 1 升的水装入不锈钢锅或玻璃容器中，以大火煮沸约
　　5 分钟。

2 将厨房餐巾纸用放凉后的橘子皮水浸湿后，贴在墙壁上的油污处。

3 静置 5 分钟后，用厨房餐巾纸擦拭墙壁即可。

去除厨房油污 # 巧用橘子皮

25 去除平底锅上的残留油渍

节约度 ★ ★ ★
省时度 ★ ★ ★
推荐度 ★ ★ ★

💜 **准备** 面粉、厨房餐巾纸

　　吃饱饭后虽然很想躺着好好睡一觉，但是厨房还有心烦的洗碗工作等着我。因为讨厌洗碗而买了洗碗机，但使用洗碗机时，必须像排列俄罗斯方块般按照碗盘大小排列，洗好后又得擦干留在碗盘上的水渍，工作也没少到哪里去，因此并不常使用。

　　若使用了平底锅，即使用清洁剂清洗，还是容易残留油污，必须再一次以清洁剂擦拭才行。现在就教大家不需要用清洁剂擦拭第二遍的平底锅清洗法。

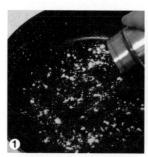 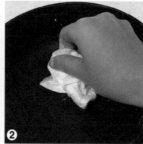 

这样做

1 在沾有油污的平底锅里撒上面粉。建议可以将面粉装入胡椒粉罐中，这样不论是油炸食物还是洗碗就都很方便。

2 用厨房餐巾纸将平底锅中的面粉擦掉。

3 接着，再用平常的方法清洗即可。

 # 去除平底锅油污 # 巧用面粉

26 # 节省洗涤灵用量的洗碗法

节约度 ★ ★ ★
省时度 ★ ★
推荐度 ★ ★

💜 准备　百洁布、洗涤灵

　　洗碗时总觉得泡沫越多，洗得越干净，因此，我洗碗时总会按压数次洗涤灵。然而这样做的话，节约、环保等观念就会像仙女般飞走。为了减少洗涤灵的用量，请试试以下的洗碗方法吧。

这样做

1 请在洗碗池（你常用的清洗容器）内按压一次洗涤灵。

2 在洗碗池内接水，水冲击之后就会产生许多泡沫了。

3 用百洁布蘸泡沫开始洗碗。若是油渍较多，可以再多加一点洗涤灵。

洗碗 # 接水后再洗碗 # 节省洗涤灵

27 去除塑料容器的异味
与快速晾干碗盘

节约度 ★ ★ ★
省时度 ★ ★
推荐度 ★ ★

💗 **准备　食盐**

　　垃圾桶和一些饭盒都是塑料材质，用久了会产生异味，即使用清洁剂清洗后晾干还是多少会残留味道。这时总觉得一定要将味道消除再拿来使用才安心。

　　洗完碗后将碗盘放着等待晾干，可是经过很长时间，碗盘还是没有干的迹象。现在也顺便告诉大家快速晾干碗盘的方法。

异味

LOCK LOCK

食盐

这样做

★ 将水装至塑料容器的 1/2 高度，加入 1 大勺盐。若是较大的容器，则可以增加食盐的分量。接着，盖上盖子摇晃约 2 分钟。

★ 洗碗后，在碗盘上淋上热水（60—70℃）。这样做的话，水汽会快速蒸发掉，就可以缩短晾干的时间。较为脆弱的薄瓷器或玻璃材质的容器遇热水可能会碎裂，需特别注意。

\# 塑料容器的清洁 \# 巧用食盐

28 利用要丢弃的食材
去除冰箱异味

节约度 ★ ★ ★
省时度 ★ ★ ★
推荐度 ★ ★ ★

💙 准备　咖啡渣或橘子皮

　　不论冰箱管理做得多好，只要时常开开关关，难免还是会有味道产生。虽然只要不开冰箱门，味道就不会跑出来，但是怎么可能完全不开冰箱门呢？现在就告诉大家比使用冰箱除臭剂更有效的方法，顺便将准备丢弃的食材二次利用起来。

这样做

将咖啡渣晒干装在容器内，放入冰箱；或者将橘子皮集中起来晾干后，用网袋装起来放入冰箱。这样做，只要一开冰箱门，就会隐约传来一阵阵的咖啡香或橘子香。然而，这两者都容易产生霉菌，无法久置，记得要定期更换。

\# 冰箱除臭 \# 巧用咖啡渣 \# 巧用橘子皮

29 让水龙头崭新发亮

节约度 ★ ★ ★
省时度 ★ ★ ★
推荐度 ★ ★ ★

💜 **准备** 牙膏、塑胶手套、干抹布

　　洗碗槽或洗脸台的脏乱可以假装看不见，但奇怪的是，水龙头上的脏污却无法视而不见。其实只要利用家中的现有材料就能将水龙头清洁得像新的一样干净。

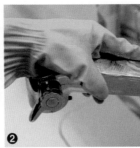
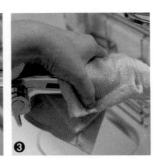

❶　❷　❸

这样做

1 水龙头保持干燥，直接抹上牙膏。建议不要使用颗粒大的牙膏，因为这容易磨损水龙头的表面。

2 戴上塑胶手套，直接摩擦水龙头。

3 再以清水冲洗水龙头，然后用干抹布擦干水痕即可。

清洁水龙头 # 巧用牙膏 # 巧用塑胶手套

30 清洁水龙头上的水渍

节约度 ★ ★ ★
省时度 ★ ★ ★
推荐度 ★ ★ ★

💚 准备 小苏打、牙刷、干抹布（或纸巾）

　　水龙头上残留的水中含有钙，若与二氧化碳结合就会生成难以清除的水渍。如果用前面教给你的牙膏清洁法无法清除干净，可改用小苏打来清洁。请你根据自家的情况来选择。

这样做

1 将牙刷浸湿后，再蘸取小苏打，以画圆的方式轻轻刷洗水龙头。

2 用清水冲洗后，以干抹布（或纸巾）将水擦干即可。

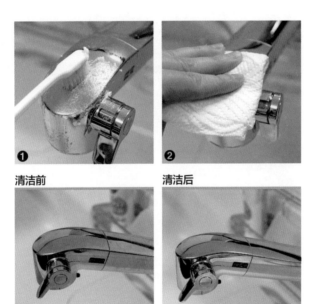

❶

❷

清洁前

清洁后

清洁水龙头 # 巧用小苏打

31 无痕去除产品标签

节约度 ★ ★ ★
省时度 ★ ★
推荐度 ★ ★

♥ **准备** 厨房清洁剂、保鲜膜

使用新碗盘或玻璃瓶时，通常会先将上面的标签撕掉，但实在很难撕干净，勉强撕掉也会残留粘贴的痕迹，简直逼死强迫症。即使用海绵刷洗也很难洗干净，每当使用碗盘时，就会摸到残留的黏合剂。

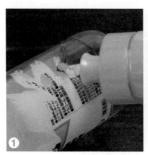  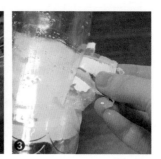

这样做

1 将厨房清洁剂倒在标签上。

2 用保鲜膜包裹住 10—30 分钟。

3 将软化的标签用手撕下来即可。若还有残余的标签，用瓶盖刮除就好了。

 # 去除标签 # 巧用厨房清洁剂

32 用食醋清洗保温瓶

节约度 ★ ★ ★
省时度 ★ ★
推荐度 ★ ★

♥ 准备　食醋

　　保温瓶瓶口狭窄，再加上瓶身较深，清洗时，海绵很难清洗到底部，茶叶或咖啡残渣就容易残留，久而久之，就会滋生细菌。现在就教大家既能去除污渍又能杀菌，并可以将保温瓶清洗干净的好方法。

清洁前

清洁后

这样做

1　将煮沸的热水倒入保温瓶内，滴入 3—4 滴食醋。

2　盖上盖子，静置 1 小时后，将水倒掉，再用清水冲洗干净即可。

清洗保温瓶 # 巧用食醋

33 用食盐来清理烤箱

♥ **准备** 食盐、牙刷、厨房餐巾纸

　　我家的烤箱除了用来烤面包以外，还常用来烤比萨。奶酪、酱料等容易滴落，弄脏烤箱内部，这样形成的污渍即使将烤箱加热也很难清除掉，但若就这样放着又不卫生。

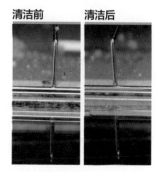

清洁前　　清洁后

这样做

1 牙刷浸湿后，蘸取些许食盐。这时建议不要使用粗盐。以牙刷刷洗沉积在烤箱内的食物残渣。

2 将厨房餐巾纸浸湿后，擦拭脏污处；接着，再用干的厨房餐巾纸擦拭一次。

3 最后，清理掉在烤箱内的盐与食物残渣。

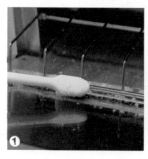 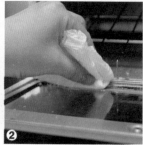 

❶　　　　❷　　　　❸

\# 去除烤箱里的食物残渣 \# 巧用食盐

34 瓶口小的玻璃瓶 和榨汁机的安全清洗法

♥ 准备 蛋壳、厨房清洁剂

　　清洁瓶口狭窄的玻璃瓶时，很难将手伸进去；而清洁底部有刀刃的榨汁机（或其他料理机）时，若手拿海绵伸进去清洗，难免觉得危险又麻烦。这时利用蛋壳就能将内部清洗得十分干净。

这样做

1 将蛋壳弄碎，放在玻璃瓶或榨汁机内，再倒入适量的厨房清洁剂。

2 加水至容器的 1/3 高度，盖上盖子摇晃 30—60 秒；接着，将容器用水冲洗干净即可。榨汁机则不需摇晃，只要开启电源稍微搅拌一下即可。

 # 玻璃瓶清洁 # 榨汁机清洁 # 巧用蛋壳

擦除地板蜡笔痕迹的3种方法

节约度 ★ ★ ★
省时度 ★ ★
推荐度 ★ ★

♥ **准备** 小苏打、牙刷、橙子皮、卫生纸、卸甲水

蜡笔坚硬不容易碎裂，也不易粘手，因此，很适合给小孩使用。但小孩往往在眨眼间就从画纸移到地板上作画了。现在就介绍不留蜡笔痕迹的3种方法。

用小苏打"快快"去除

只要用小苏打轻轻地擦拭，就能将蜡笔痕迹去除得十分干净，即使是大范围的痕迹也能轻松去除。将牙刷浸湿后，蘸取少许小苏打，轻轻地以画圆方式刷洗；接着，再用卫生纸擦拭。

用橙子皮"速速"去除

利用橙子皮就能去除蜡笔痕迹。用皮的外层部分擦拭蜡笔痕迹，当果皮颜色染到地板上时，尽快以浸湿的卫生纸擦除，就完成了！

用卸甲水"光速"去除

在蜡笔痕迹处倒 1 滴卸甲水，用卫生纸擦拭。也可以直接用卫生纸蘸取卸甲水擦拭。镀过膜的地板使用卸甲水，可能会将镀膜去除掉，必须特别注意。

地板管理 # 巧用小苏打 # 巧用橙子皮 # 巧用卸甲水

36 预防窗户发生起雾结露现象

节约度 ★ ★ ★
省时度 ★ ★
推荐度 ★ ★ ★

💜 准备　厨房清洁剂、干毛巾（或纸巾）

一到冬天，因为室内与室外温差大，所以窗户很容易起雾结露。若只是起雾结露倒无所谓，但因不易擦除，窗户就会因为湿气而发霉！这时候可以使用以下方法。

这样做

1 将1杯水与1大勺厨房清洁剂混合，将毛巾（或纸巾）浸湿。厨房清洁剂中的表面活性剂可以防止玻璃产生起雾结露的现象，因此，若使用无表面活性剂的清洁剂便无此效果，所以使用前先确认成分。

2 用沾湿的毛巾（或纸巾）擦拭玻璃与缝隙。接着，用干毛巾（或纸巾）将表面的泡沫擦除，蘸取图1中混合好的清洁剂再轻轻擦拭一遍，使玻璃表面形成一层薄膜。

清洁前

清洁后

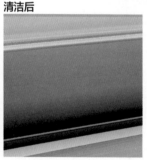

\# 防止窗户起雾结露 \# 巧用厨房清洁剂

分离叠在一起的碗盘

节约度 ★ ★ ★
省时度 ★
推荐度 ★ ★

💗 准备　热水

　　洗碗过程中会有碗盘叠在一起很难分开，用蛮力强行拉开又担心弄碎的状况发生。这时的碗盘就好像一年才能碰面一次的牛郎和织女，比起强行将它们分开，不如用温热的话语劝它们分开。碗盘相叠时，若温度下降，压力也会跟着降低，那么碗盘就更不容易分开了。

热水

这样做

将碗盘浸泡在约45℃的热水中1分钟。泡在热水中，温度上升后，压力也会跟着上升，这时就能轻松将碗盘分开了。若是较薄的玻璃容器或瓷器，使用热水浸泡可能会使其碎裂，要特别小心。

分离碗盘 # 巧用热水

38

去除碗盘上残留的
鸡蛋和海鲜的腥臭味

节约度 ★ ★ ★
省时度 ★ ★ ★
推荐度 ★ ★

💗 准备　食醋

　　用来打蛋或盛过海鲜的碗盘洗完后晾干，还是会残留淡淡的腥味，只好再次清洗。其实只要有食醋，就能清除异味，不用再洗一次了。

这样做

★ 洗碗后，在手上倒一点食醋，轻轻地涂抹在碗盘上，再以清水冲洗干净即可。

★ 手上若残留海鲜腥味时，也可以倒一点食醋在手上搓洗，再以清水冲掉。

 # 去除碗盘腥味 # 巧用食醋

39 一并去除烤盘
与烤箱难闻的异味

节约度 ★ ★ ★
省时度 ★ ★
推荐度 ★ ★ ★

♥ 准备　茶叶渣或咖啡渣

　　烤海鲜或肉类时由于味道很重，烤完后，烤盘无论如何清洁还是容易残留味道。利用茶叶渣或咖啡渣就能将味道去除干净。

这样做

1 烤盘内装些许水，并铺上茶叶渣或咖啡渣。

2 将烤盘加热 3—4 分钟，就搞定了。

 # 去除烤箱和烤盘的异味 # 巧用茶叶渣或咖啡渣

40 去除杯子中的陈年茶渍

节约度 ★ ★ ★
省时度 ★ ★
推荐度 ★ ★

💜 准备　珍珠棉

　　杯子若长时间装咖啡或茶后，杯内就会产生污渍，每次只要一喝完就会看见杯中的污渍。用沾满清洁剂的海绵不论怎么清洗，污渍还是会残留在杯内。为此，最近我特地去学习了一次就能解决掉杯内污渍的方法。

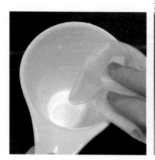

清洁前

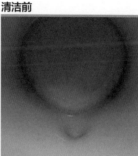

清洁后

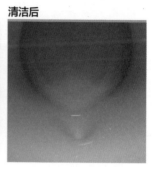

这样做

将包覆住盘子、玻璃杯等容易碎裂物品的防震用珍珠棉浸湿，擦拭杯子。即使不用任何清洁剂，也能将杯内的污渍清洁得很干净。

 # 去除茶渍 # 巧用快递包装

41 抹布与百洁布的杀菌法

♥ 准备　食醋

　　餐桌需要用抹布擦拭干净，碗盘需要用百洁布刷洗干净，那么，抹布与百洁布上不就布满了细菌吗？因此，每天做好抹布与百洁布的清洁就很重要。

天天杀菌法

在洗碗用的容器内放入抹布与百洁布，再倒入水，直到完全没过抹布与百洁布。加入 3 大勺的食醋，静置约 3 小时。接着，不用清水冲洗，而是直接拧干即可。这时使用的容器若为铝材质，容易因为酸性的醋而变色，需特别注意。

每周 1—2 次杀菌法

将抹布与百洁布放在洗碗用的容器中，倒入煮沸的水浸泡。等到热水放凉后，将抹布与百洁布拧干，放到太阳下晾晒。

食醋杀菌 #75℃以上的热水能够减轻异味并杀菌

42 去除床垫尘螨，和过敏说再见

节约度 ★ ★ ★
省时度 ★
推荐度 ★ ★

♥ **准备** 吸尘器

　　人的一生有 1/3 的时间是在床上度过的。因此，皮屑等很容易掉落在床上，并生成以这些为食的螨。长此以往，床垫上就会累积螨的排泄物和尸体，想想都觉得可怕。棉被可以晾晒在阳光下并将螨拍打掉，厚重的床垫却无法这么做。若只是拍打床垫，又会将螨拍打到床垫深处，一点除螨效果都没有。这时候只有请出吸尘器来，将螨的排泄物与尸体清除掉。

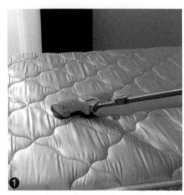

这样做

1 在床垫上慢慢移动吸尘器，将灰尘吸掉。（建议用专门的床垫吸尘器吸头，否则还需要清洁吸头才能使用。）

2 将床垫翻面，再用吸尘器吸一次。虽然肉眼看不见灰尘，但是不代表灰尘不存在，即使像我们家那把吸力微弱的吸尘器，使用一会儿后过滤袋内也会累积许多尘土。

除螨 # 巧用吸尘器

43 安全有效去除厨余垃圾桶异味的 3 种方法

节约度 ★ ★ ★
省时度 ★ ★ ★
推荐度 ★ ★

♥ 准备　小苏打、牛蒡、薄荷精油、喷雾器、化妆棉

　　每到夏天就会看到很多小果蝇在垃圾桶附近飞来飞去！天气炎热，厨余垃圾桶里的水汽不论如何擦拭，还是会产生恶臭，并有不少果蝇在垃圾桶上方盘旋。其实只要恶臭消失，果蝇就会减少许多。

撒小苏打
在厨余垃圾桶上方撒上小苏打粉，小苏打的碱性可以中和产生恶臭的物质的酸性，从而起到抑制恶臭的作用。

洒上泡过牛蒡的水
为了防止牛蒡变色，可以先将牛蒡泡在水中。将泡过牛蒡变褐色的水装入喷雾器中，喷洒在厨余垃圾桶或排水孔处。牛蒡水对于抑制发酵食物的味道效果极佳。牛蒡水放置冰箱保存，约有 5 天的使用期限。

铺上蘸取薄荷精油的化妆棉
在厨余垃圾桶上铺一层沾有薄荷精油的化妆棉。注意化妆棉不要与厨余垃圾混在一起，请贴附在厨余垃圾桶盖上或垃圾袋外侧。

去除厨余垃圾异味 # 巧用小苏打 # 巧用牛蒡水 # 巧用薄荷精油

44 防止椅脚刮坏木地板

节约度 ★ ★
省时度 ★ ★
推荐度 ★ ★

♥ **准备** 毛毡纸、双面胶（或是做木工用的胶）

家中的椅子一挪动，地板上就会出现许多刮痕，这绝不是因为我的体重，真的是因为椅脚上的塑料材质在地板上移动时会形成刮伤痕迹。在地板上的刮痕变得更严重前，赶紧将造成地板刮伤的原因去除吧。

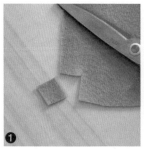 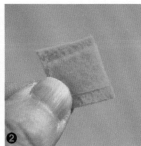 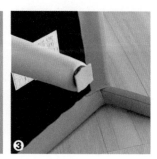

这样做

1 将毛毡纸剪成适当大小，比椅脚部分稍微大一点即可。

2 在毛毡纸上贴双面胶。若使用做木工用的胶则是涂抹在椅脚上，再贴上毛毡纸。

3 将毛毡纸贴在椅脚上即可。这种方法也同样适用于桌脚。

 # 地板管理 # 巧用毛毡纸

45 擦拭塑料材质上的油性笔痕

节约度 ★ ★ ★
省时度 ★ ★
推荐度 ★ ★

💛 准备　水性笔、卫生纸

　　要在塑料活页夹或塑料化妆包上标记名字时，通常会使用油性笔以防止被擦掉，但若写错就无法擦掉再重写是油性笔的缺点。这时若使用水性笔，写下的名字就可以不留一丝痕迹地被擦干净。可以用水性笔清除油性笔的痕迹，但这种方法不适用于纸张或纤维材质，只能用于塑料或玻璃材质，这点请特别留意。

这样做

1　用水性笔涂抹油性笔书写部位，完全盖住油性笔书写痕迹。

2　用浸湿的卫生纸擦拭该部位。

3　剩下的墨痕再次以水性笔涂擦。

4　最后，再用湿卫生纸擦拭干净。

以水性笔去除油性笔痕迹

46 制作天然除草剂

节约度 ★ ★ ★
省时度 ★
推荐度 ★ ★

❤ 准备　食盐

　　停车场里的混凝土间容易冒出一些小杂草，在贫瘠的环境中顽强地生长着，真的让人不禁感叹生命的伟大，但又不得不动手将杂草摘除。但杂草的根深，还是会再次长出来，这时候就必须使用除草剂才行了。

清除前　　　　　　　　**清除后**

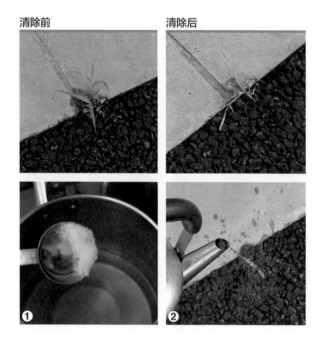

这样做

1 将 500 毫升的水煮沸后加入 1 大勺的食盐。

2 将食盐水倒在生长杂草的部位即可。使用此方法，杂草周围的其他植物也容易一并枯萎，请特别注意。

自制环保除草剂

47　去除厨房地板上的污渍

节约度 ★ ★ ★
省时度 ★ ★
推荐度 ★ ★ ★

💗 准备　厨房清洁剂（弱碱性）、小苏打、牙刷、抹布

　　由于厨房容易接触水，因此地板也容易残留水垢与灰尘，时间一久，地板就会变黑或产生纹路，就算用抹布擦也擦不掉。其实，还是有去除这些污渍的方法的。

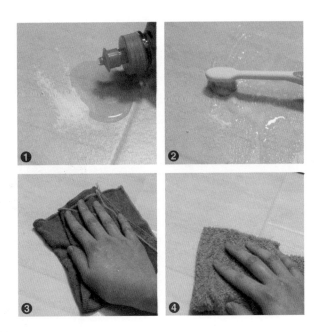

这样做

1　将小苏打与厨房清洁剂以 1：1 的比例均匀混合后，倒在污渍处。

2　用牙刷以画圆的方式刷洗该处。

3　将抹布用热水浸湿后，擦除小苏打与厨房清洁剂的混合物。请务必使用热水，才能将泡沫擦干净。

4　最后，再用干抹布擦拭一次。

 # 去除厨房地板污渍 # 巧用小苏打

48 苹果皮让旧锅变新锅

💛 准备　苹果皮、百洁布

　　煮过汤的锅总容易残留焦黑的痕迹，虽然可以用自来水将焦黑的痕迹清洗掉，但是又会残留一块块的水渍，锅的光泽就会逐渐消失殆尽了。最近我学会了让锅变新的方法。这个方法适用于玻璃或不锈钢锅，因为铝锅对酸性承受度弱，所以不适用此方法。

这样做

1 锅中加入水与一颗苹果分量的苹果皮一起煮沸。煮沸后转为中火，继续煮约 10 分钟。

2 将煮沸的苹果皮水倒掉，用百洁布刷洗锅即可。

清洁前　　　　清洁后

给锅抛光 # 巧用苹果皮

用醋去除淋浴水龙头上的黑点点

节约度 ★ ★ ★
省时度 ★
推荐度 ★ ★ ★

💚 准备　食醋、牙刷

　　淋浴水龙头若长期使用而又不定期清洁的话，就容易产生黑色的水垢并且滋生霉菌。淋浴水龙头喷洒的水是会触碰到脸和身体肌肤的，一想到这儿就让人浑身不舒服。这时候的特效药就是食醋！食醋的酸性能够中和水垢的碱性，并且具有杀菌进而防止发霉的多重功效。

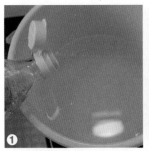

这样做

1 将食醋与热水以 1：3 的比例混合后倒入水桶中，使水龙头能够完全浸泡在水中。若水龙头脏污严重，则提高食醋的比例。

2 将水龙头浸泡在水中约 1 小时。

3 取出水龙头后，以牙刷刷洗缝隙，并以清水冲干净。

 # 去除淋浴水龙头水垢 # 巧用食醋

50 清洁比手机更脏的遥控器

节约度 ★ ★ ★
省时度 ★ ★
推荐度 ★ ★ ★

💜 **准备** 酒精、棉花棒、卫生纸

虽然一整天拿着遥控器，但是应该都没有仔细地看过它吧？某一天，突然与遥控器"四目相接"，才发现遥控器上布满了雾蒙蒙的灰尘，甚至还沾到了手上，大吃一惊之余，还得想想办法弄干净。因此，打扫家里时，别忘了也要清洁各类遥控器哟！

这样做

1 用卫生纸蘸取适当的酒精，达到酒精不会从卫生纸上滴下来的程度即可。接着，用蘸了酒精的卫生纸轻轻拍打遥控器。若以按压的方法擦拭，卫生纸屑容易粘在遥控器上，因此，请改用拍打的方式。

2 再用棉花棒蘸取酒精擦拭遥控器按钮间的缝隙。

 # 比手机更脏的是遥控器

51 让充满纪念意义的
变色银饰焕然一新

节约度 ★ ★ ★
省时度 ★ ★
推荐度 ★ ★

♥ 准备　小苏打、铝箔纸

　　刚与老公交往时，他送了我一枚银戒指。当时的记忆还很鲜明，外形看起来就像狗骨头的戒指着实让我喜欢。银戒指久不佩戴会氧化变黑，于是我一面回想着过往，一面开始动手清洁戒指，让它恢复原来的模样。

这样做

1 将 1 大勺小苏打放入 300 毫升的热水中均匀混合。

2 用铝箔纸将银饰包覆住，丢入混合好的水中浸泡 10—20 分钟就好了。

清洁前

清洁后

在家也能清洗银饰 # 巧用小苏打

二

烹饪

冷冻食材快速解冻法

节约度 ★
省时度 ★ ★ ★
推荐度 ★ ★ ★

💜 **准备** 铝板（装吐司面包碎屑的托盘或铝锅等）

　　放在冷冻室冰冻的肉类、海鲜等食材，料理前必须先慢慢解冻，等到隔天再使用。没耐心的话，就直接泡水解冻，然而稍不注意，水就容易跑进食材中，影响食材的味道，令人懊恼不已。现在就告诉大家冷冻食材快速解冻的方法。

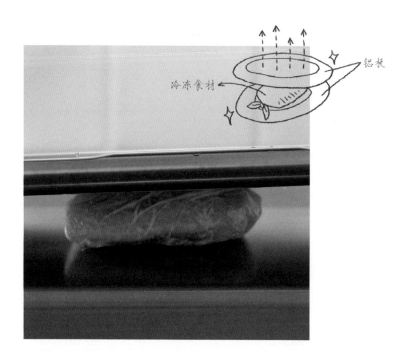

这样做

在铝板之间夹上需要解冻的食材，放置在常温下。铝的导热性佳，能够快速将空气中的热量传到食材上，达到快速解冻的效果。

 # 食材解冻 # 巧用铝板

2 土豆快速去皮法

节约度 ★
省时度 ★ ★
推荐度 ★ ★

💗 准备 冰水

土豆削皮再煮，或是煮熟后一边烫着手一边剥着皮，两者都不方便。现在只要利用这个方法，就能快速简易地剥掉土豆皮。

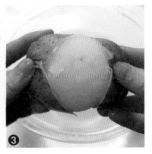

这样做

1 用刀子在未煮过的土豆中间轻轻划一圈。

2 等到土豆煮熟后，浸泡在冰水中约 10 秒。

3 接着，双手只要从土豆两端抓着皮拉开，土豆皮就会依着刀子划开的痕迹轻易地被往外拉开。

 # 土豆去皮

3 外脆内软的拔丝地瓜制作法

制作沾满甜美糖浆的拔丝地瓜，通常是先将地瓜切小块，以清水冲洗后，擦干水再油炸。但若能再加上一个微波炉加热的环节，会更加美味哟！

这样做

油炸前，先将地瓜放入微波炉，中火加热 2 分 30 秒。随着地瓜中的水分消失，地瓜的口感会变得更松软，还能缩短油炸的时间，好吃又健康！

拔丝地瓜 # 巧用微波炉

简易蟹肉剥取法

节约度 ★
省时度 ★ ★
推荐度 ★ ★ ★

螃蟹真的好好吃啊，但剥壳实在是件麻烦又痛苦的事。尤其是蟹脚，薄薄的蟹脚肉本身就很细碎，想干净利落地取出来还真不容易。其实，只要有一把剪刀，便能轻易将蟹肉与壳完美分离。

这样做

1　在距离蟹脚关节 1 厘米处，以剪刀剪开两端。

2　剪开后，断面较宽的那面朝下，以手抓住；接着，抓着蟹脚往下用力抖动，蟹肉自然就会与壳分离了。这时，可以把另外一只手的手腕垫在抓着蟹脚的手下方，悬在半空中抖动，蟹肉会更容易与壳分离。

蟹肉去壳

5　快速蛋白打泡法

　　制作蛋糕和面包时，需要将蛋白或奶油打成泡沫，这时若使用手动打蛋器，手臂就好像要断掉似的，累得要命。其实只要多加一个步骤，打蛋时间就能大幅缩短。使用这个方法，在制作蛋糕和面包时，想要打出多少泡沫就能打出多少泡沫，可以轻松做出蛋糕与面包了。

  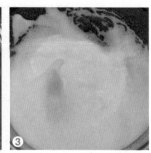

这样做

1　将蛋白装入大碗中，放进冰箱冷冻室冰冻约 30 分钟。

2　蛋白冰冻后容易碎裂，取出后再使用打蛋器搅拌。

3　与平时相比，大约只需要一半时间就能打出漂亮的蛋白泡沫。蛋白中的蛋白质黏性强，空气不容易进入，因而不容易打出泡沫。冰冻后，黏性会降低，自然比较容易打出泡沫。

 # 打蛋白泡沫

6 鸡蛋保鲜法

鸡蛋如果保存不好会影响其新鲜程度。现在就告诉大家鸡蛋放在冰箱中的保鲜秘诀。

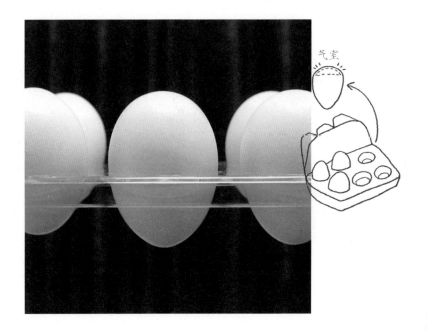

气室

这样做

鸡蛋较平坦的部分称为气室，为了让鸡蛋可以"呼吸"，存放鸡蛋时，尖端部分朝下，平坦部分朝上，鸡蛋就能"呼——呼—— 呼——"地畅快呼吸了，自然就能保持新鲜状态。仔细观察，其实鸡蛋原本的包装也是如此。当要把鸡蛋从冰箱鸡蛋盒中移到其他处时，也记得以相同的方向来移动鸡蛋就好了。

鸡蛋保鲜

7 # 肉汤浮沫简易捞除法

节约度 ★ ★
省时度 ★
推荐度 ★ ★ ★

💜 准备　凹凸不平的塑料饭勺

　　炖煮肉汤时，汤的表面会不断地冒出浮沫，若就这样放着，不仅不美观，肉汤味道也会发涩，所以必须去除这些讨人厌的浮沫。但若是使用汤勺捞泡沫，很容易将宝贵的汤汁也捞掉。现在教大家不浪费一滴肉汤就能捞除浮沫的方法。

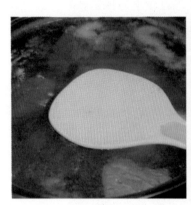 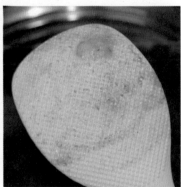

这样做

将饭勺（选择凹凸不平的产品可以避免饭粒遗留在饭勺上）放在肉汤浮沫上轻压，凹凸不平的部分轻轻点压浮沫就好，尽量不要碰触到肉汤。

虽然市面上有专门捞除浮沫的汤勺，但是使用每个家庭里原本就有的饭勺，效果也是满分。

 # 巧用饭勺

8 完全去除鲭鱼腥味的清洗法

节约度 ★
省时度 ★
推荐度 ★ ★ ★

💙 准备　食盐、热水、冰水

　　清洗的方法不同，洗好的鲭鱼味道也不同：可能完全没腥味，也可能腥味更重了。现在就教大家完全去除鲭鱼腥味的清洗方法。

这样做

1　在鲭鱼上撒适量的食盐，轻柔涂抹。

2　30 分钟后，在鲭鱼上淋热水。

3　再将鲭鱼泡入冰水中清洗，可将因为热水产生的油味洗掉，鲭鱼的腥味就能完全去除干净。

 # 去除鱼腥味

9 烤贝类不流失汤汁的美味要领

节约度 ★
省时度 ★
推荐度 ★ ★

烤贝类吃时，通常当贝类的壳打开时，汤汁就会流光，那是因为受热面的贝肉会先熟，之后就会有气无力地倾倒，哗啦哗啦地流出汤汁。但汤汁是最美味的精华部分啊！以后在家烤贝类时，利用以下方法，就不会让汤汁流光了。

无汤汁的烤贝

有汤汁的烤贝

这样做

方法很简单：在海鲜烤网上放贝类，只开烤箱上方的大火烘烤即可。这么一来，贝壳的上面会先受热，贝肉会从上方掉下来，贝壳内的汤汁就不会流出来了。这时候，必须选用可以分开控制上下火的烤箱。

 # 巧用烤盘 # 贝类汤汁不流失

10 结块砂糖干爽"复活"

节约度 ★ ★
省时度 ★ ★
推荐度 ★ ★

♥ 准备 吐司

　　放在冰箱中保存的砂糖，因为湿度低，很容易变硬结块，像小石头一样。这是因为砂糖中的水分减少了。相反，若增加砂糖盒内的水分，砂糖又会变得干爽，粒粒分明。虽然如此，但是若直接用喷雾器朝着砂糖喷水，砂糖又会因水分太多而变得黏黏的。那么，究竟该如何将结块砂糖恢复原状呢？现在就来告诉大家完美变身的方法。

在砂糖盒内放入吐司
将吐司放入砂糖盒内，再盖上盖子放置6小时以上。砂糖会吸收吐司内的水分，同时也会吸收空气中的水分，就会变得干爽而不结块了。

将砂糖放入冰箱冷冻室冷冻
将砂糖盒盖上盖子放入冰箱冷冻室内冷冻2小时；接着，取出来打开盖子，放置在常温下约30分钟。结冻的砂糖一面融化，一面吸收空气中的水分，等融化后，就会变得干爽而不结块了。

变硬结块的砂糖请勿丢弃 # 吐司的实用法

11 结块胡椒粉 "复活"

节约度 ★ ★
省时度 ★ ★
推荐度 ★ ★

❤ **准备 食盐**

要倒出不常使用的胡椒粉时，经常会发现胡椒粉已经结成硬块粘在瓶底了。现在就和大家介绍拯救结块胡椒粉的方法。

这样做

在结满硬块的胡椒粉瓶罐里倒入食盐。与食盐的颗粒碰撞后，结块的胡椒粉就会因为摩擦力而重新变回粉状。由于瓶内加了食盐，因此日后用胡椒粉调味时就可以少放些盐了。

 # 巧用食盐

12 将烤鱼完美地从烤网上取下的方法

节约度 ★
省时度 ★ ★
推荐度 ★ ★ ★

♥ **准备** 食醋、厨房餐巾纸

吃烤鱼时，最痛苦的莫过于鱼皮会粘在烤网上，烤好后不仅很难取下，烤网也很难清洗。但烤鱼实在美味到令人难以抗拒啊，就算是粘在烤网上的鱼皮都想要弄下来吃呢。

这样做

烤鱼前，先以厨房餐巾纸蘸食醋擦鱼身。然后，将鱼放在烤网上。鱼皮中的蛋白质一加热，就很容易粘在金属的烤网上。而事先在鱼身上涂抹食醋，蛋白质就会变得坚固而不容易粘在烤网上了。不用担心烤鱼身上会残留食醋的味道。醋易挥发，鱼烤过后依然香喷喷的，不会有醋味哟！

处理前　处理后

 # 不粘烤网的烤鱼法 # 巧用食醋

干净不粘地
切出漂亮的紫菜包饭

💜 准备　厨房餐巾纸、水

　　切寿司或紫菜包饭时，黏黏的米饭会粘在刀子上，切到一半时，往往必须清洗刀子后再切。此时，只要利用厨房餐巾纸就能免去这道麻烦的程序。

这样做

1 把厨房餐巾纸浸湿后贴在刀背上。这时，注意须将刀刃部位露出来。

2 因为厨房餐巾纸的湿气可以降低米饭的黏度，所以可以避免米饭粘在刀上。但因为刀子包覆着厨房餐巾纸，切时不要以拉锯的方式切，而是干脆利落地一刀直接往下切。

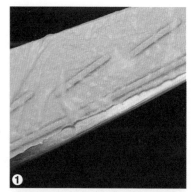

 # 巧用厨房餐巾纸 # 切紫菜包饭或寿司

14 不用温度计也能测量油温

节约度 ★ ★ ★
省时度 ★ ★
推荐度 ★ ★ ★

♥ 准备 木筷

　　油炸食物时，该如何测量油温呢？若有温度计当然最方便，但没有厨房用温度计的家庭想必也不少。虽然也可以将面粉撒在油锅内做测试，但是这样又容易弄脏油锅。现在，只要利用木筷，就能让油锅保持干净并简单测量出油温。

160—165℃
慢慢地产生小泡泡。

170—180℃
很快地产生小泡泡，并包覆住木筷。

185—190℃
木筷一放进去，马上产生很多大泡泡。

木筷温度计

15 # 中和腌萝卜辣味的方法

节约度 ★ ★
省时度 ★ ★
推荐度 ★ ★

制作小菜或吃面条时所放的萝卜，味道会依据切开方向的不同而有所不同。

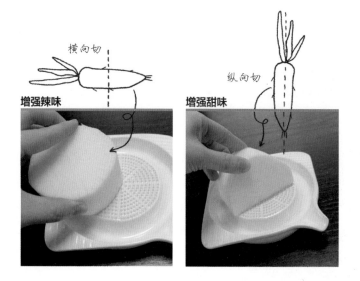

增强辣味——横向切

将萝卜横向切开后，在研磨板上研磨，由于会磨掉萝卜的纤维质，辣味会越发明显。

增强甜味——纵向切

将萝卜纵向切开，放在研磨板上研磨，可减少萝卜纤维被破坏的机会，辣味便不那么明显，也会自然地散发出甜味来。

 # 腌萝卜 # 中和萝卜辣味

16 ## 将附着在蔬果表面上的
农药清洗干净

節约度 ★ ★ ★
省时度 ★ ★ ★
推荐度 ★ ★ ★

💜 准备　发酵粉、水

　　胡萝卜或苹果等需要连皮食用的蔬果，即使用水清洗仍然会残留农药，实在令人担心。

这样做

1 碗内装满水，加入 1 小勺发酵粉，使其溶化仕水中。

2 将蔬果浸泡在水中 1 分钟，捞起来以清水清洗。若浸泡太久的话，蔬果上的水溶性维生素也会跟着溶解不见，因此，浸泡 1 分钟后就要将蔬果捞起来。

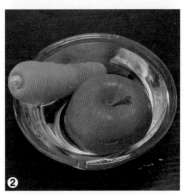

 # 巧用发酵粉 # 安全无残留清洗蔬果

17　让鸡胸肉吃起来鲜嫩不柴

节约度 ★ ★
省时度 ★
推荐度 ★ ★

💜 **准备**　食盐、砂糖、水、自封袋

　　鸡胸肉口感较为干涩，让很多人不太喜欢。然而，鸡胸肉与鸡其他部位的肉相比，价格低廉且有益减肥，实在是不容错过的好食材。现在只要掌握技巧，就能让口感不好的鸡胸肉变得鲜嫩美味。

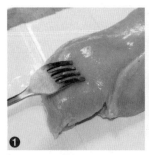

这样做

1　用叉子在鸡胸肉上插洞。

2　在自封袋中放入 2 大勺水、1/2 小勺食盐与 1/2 小勺砂糖，并让食盐与砂糖溶于水中。

3　将鸡胸肉放入自封袋内，并用双手好好按摩鸡胸肉 1—2 分钟，使其吸收混合好的水。

\# 调味鸡胸肉

18　自制厚实又松软的松饼

节约度 ★★
省时度 ★
推荐度 ★★

　　夏威夷有名的厚松饼店 MOKUOLA 在日本开有多家连锁店，人气极高。这家店的厚松饼松软厚实，与在家自己做的相比，口感天差地别。然而，一片厚松饼价格不菲，于是在吃过一次后，我现在都在家自己做。只要注意 2 点，自制的松饼就能比平时松软厚实 2 倍，美味度也加倍。

普通的松饼

厚实的松饼

这样做

1　首先，将松饼粉放入冰箱冷冻 30 分钟。这样做可以减少面筋的产生，松饼会更松软可口。

2　将牛奶与鸡蛋搅拌均匀。然后，依照包装背面的规定的分量放入已经冷冻的松饼粉，轻轻搅拌至没有任何结块为止（记得是轻轻搅拌，这点很重要），再以原本方式进行烘烤即可。这样，烤出来的松饼就会十分松软，也不会产生结块的面筋了。

❶

❷

在家自制松饼

嫩豆腐简易制作法

节约度 ★
省时度 ★
推荐度 ★ ★

💜 准备　无添加豆浆、盐卤

　　热乎乎的嫩豆腐实在太美味了，让我也想在家自制。泡水泡了一整天的豆子用料理机打碎后，为了去除味道再次煮熟，然后加入盐卤凝固，希望味道能与所花的精力与时间呈正比，但是，竟然一点都不好吃！之后，我学会了利用豆浆做嫩豆腐的简单方法，从此，不用再浪费力气，就能做出美味的嫩豆腐，想吃嫩豆腐时，可以简单快速自己解决。

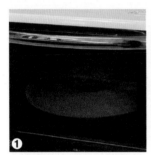

这样做

1 将 200 毫升的豆浆装入耐热容器中，放入微波炉加热。注意，豆浆不需煮沸。若无微波炉，使用燃气灶加热也可以。

2 在加热过的豆浆中倒入 6 毫升的盐卤搅拌均匀。由于盐卤的浓度有高低之分，若使用浓度较低的盐卤，当豆浆开始凝固时，则需再添加少许盐卤。但若加入太多盐卤，嫩豆腐会产生苦味，需特别留意。

3 当豆浆开始凝结成一团团的软滑状时，可用棉布包覆住豆浆，做成像豆腐般的固体，这样就可以直接吃了。而我个人最喜欢的食谱则是将豆腐煮热后，撒上葱花，淋上些许酱油，一道小葱拌豆腐，简简单单就很美味，朴实的豆香味让人胃口大开。若觉得太单调，不妨再搭配些下酒小菜。

 # 嫩豆腐 # 豆浆

变硬吐司"复活"的 2 种方法

节约度 ★ ★ ★
省时度 ★ ★
推荐度 ★ ★

　　我们家并非每天都以吐司当早餐，偶尔做烤吐司当早餐后，总会剩下一些。而吐司又很容易变硬，口感变差，但丢掉又太浪费，该拿这些变硬的吐司怎么办好呢？

夹在新鲜吐司之间

将变硬的吐司夹在两片新鲜吐司的中间，约半天时间，变硬吐司便会吸收新鲜吐司的水分，恢复湿润松软的口感。

喷水后，做成烤吐司

在干燥的吐司上喷少许水，放入烤箱烤制约 3 分钟。吐司中的淀粉会吸收水分，烤好后内里柔软、外面酥脆。若有大麦茶，也可用其代替水来喷洒在吐司上，大麦茶的茶香能让吐司香气十足。

 # 处理变硬的吐司

快速去除草莓蒂头

节约度 ★ ★
省时度 ★
推荐度 ★ ★

❤ 准备　吸管

　　吃草莓还得一一切掉蒂头，实在很麻烦，一不小心就会连同细嫩的果肉一起切掉。现在就利用吸管来去除蒂头吧。

这样做

将吸管从草莓底部穿进去往上顶，就能轻松将蒂头去掉。这时需注意吸管一定要对准草莓中心，才能准确去掉蒂头。

 # 去除草莓蒂头 # 巧用吸管

22 能挤出大量柠檬汁的 "X"字形切法

节约度 ★★★
省时度 ★★
推荐度 ★★

吃西餐或东南亚美食时，柠檬汁是少不了的重要调味品。通常会将柠檬竖切后，再开始挤柠檬汁，但这样的话，柠檬汁不但容易飞溅，且因果皮包覆着果肉，柠檬汁也不易挤出来。

用普通切法
挤出的柠檬汁 | 用"X"字形切法
挤出的柠檬汁

这样做

1 如右图以"X"字形来切柠檬。

2 这种切法可让果肉露出较多面，柠檬汁也比较容易挤出来。只要换个切法，挤出来的柠檬汁就会加倍。以后若要挤柠檬汁，请务必以"X"字形来切柠檬哟!

柠檬汁 # 柠檬以"X"字形切开是秘诀

23 断面完美的糕点切法

💚 准备　线

　　蛋糕卷或奶油泡芙这类含有满满奶油馅的甜点，若用刀子切开，断面容易不平整，奶油也会流出来。现在开始改用线来切吧，保证你能端出具有完美断面的糕点来招待客人。只要利用这个方法，无论是蛋糕卷、奶油泡芙，还是汉堡或三明治，都能干净利落地切开。

用刀切开　　　　　　**用线切开**

这样做

1 以线缠绕蛋糕或泡芙一圈，接着将线的两端交叉。

2 拉着线的两端，向下用力。刀子只能从蛋糕或泡芙上方施力，但线则可以 360° 均匀施力，这样就能完美地切开蛋糕或泡芙。

\# 切糕点 # 用线取代刀子

24 不浪费地取出
明太鱼酱的方法

节约度 ★ ★
省时度 ★ ★
推荐度 ★ ★ ★

💗 准备　保鲜膜

　　明太鱼酱外有一层薄薄的膜包覆住。处理时，一般会先用刀子将明太鱼酱挖出来一部分，但这时候鱼酱常会粘在案板、刀子与手上，不仅把厨房搞得乱七八糟，散落的鱼酱也不能再食用了，实在浪费。现在，不需再为了昂贵的明太鱼酱被水冲掉而心疼了，只要利用保鲜膜就能将明太鱼酱轻松取出。

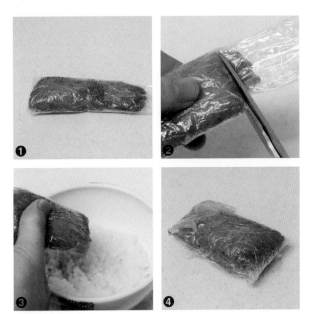

这样做

1 用保鲜膜包覆住明太鱼酱。

2 用剪刀将明太鱼酱与保鲜膜一起剪开。

3 按压保鲜膜，便能将明太鱼酱挤出来。

4 只要将底部的保鲜膜对折，就可以将剩下的明太鱼酱收藏在冰箱，下次需要食用时，再依照前面的方法挤出来即可。这么做的话，就能减少浪费了。

明太鱼酱 # 食品保鲜 # 巧用保鲜膜

25 没用完的面粉的保存法

节约度 ★ ★ ★
省时度 ★ ★
推荐度 ★ ★ ★

💗 准备 自封袋、塑料收纳盒

　　没用完的面粉通常会装在罐子内放在室内保存。然而，霉菌最喜欢面粉了，若保存在常温下，即使装在罐子里也非常容易滋生霉菌，尤其是含有调味料的煎饼粉、油炸粉更是容易被霉菌盯上。若要避免发霉，请务必将所有粉类食材统统放在冰箱中保存。

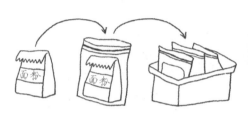

这样做

1 所有粉类产品开封后，皆放入自封袋内。更安全的做法是放在自封袋中，外头再加一层自封袋。

2 为了保证冰箱收纳整齐，可购买一批塑料收纳盒，将所有装有粉类食材的自封袋集中收纳在塑料盒中。

3 接着，将塑料盒放入冰箱保鲜层中存放。

 # 面粉保存

26 香蕉果肉不变黑的保存法

节约度 ★ ★ ★
省时度 ★ ★
推荐度 ★ ★

♥ 准备　保鲜膜、银箔保温袋

　　我不是香蕉控，每次买一把香蕉，还没吃完香蕉就已经变黑了。如果你和我一样是慢慢吃香蕉的人，现在就告诉你让香蕉保持新鲜的保存法。

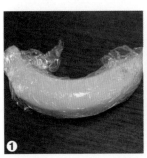

室温保存

银箔保温袋 +
冷藏保存

这样做

1 用保鲜膜将香蕉一根根地包裹住。若将两根香蕉一起包，香蕉所散发出的乙烯*气体，会使香蕉加快成熟而变黑。

2 将包裹好的香蕉一根根放入银箔保温袋中，再放入冰箱保存。这么做的话，虽然香蕉果皮会变黑，但是果肉仍会保持新鲜的白色。

★ 香蕉可以在 10—14℃的温度下保存并保持新鲜，若放在冰箱的蔬果室里，因为温度只有 5—7℃，对保存香蕉而言太低。但如果是包裹好放在保温袋里，再放在冰箱中的话，温度既不会太高也不会太低，便能维持较长的保存时间。

香蕉也能放冰箱保存 # 长果蝇前要收好香蕉

＊注：水果在成熟的过程中，会自然地释放出无色无味的乙烯气体。这种气体会促使植物成熟与老化。

27 煮出超美味米饭的方法

节约度 ★ ★ ★
省时度 ★
推荐度 ★ ★ ★

　　能与老公一起享用刚煮好的热腾腾的米饭，感觉超甜蜜。现在就教大家煮出美味米饭的方法。

洗米

1　用筛网盛装大米，以流动的生水轻轻清洗。因为干燥的大米会吸收水分，所以建议使用净水器过滤后的水。

2　将筛网放入锅中，轻轻地将大米抓住再放开，以这种方式来清洗。

3　当水隐约变得灰蒙蒙的时候，将大米静置30分钟。若洗太多次到水呈透明状，煮出来的米饭就会淡而无味。

煮饭

1 将静置后的水倒掉，倒入新的水来煮饭。水的分量与大米量相等。

2 将散落在角落的大米往中间集中，使中间稍微凸出来，这样可以让在水中加热的大米更好地变熟。

3 米饭煮好后，用饭勺轻轻地翻动。以这种方式煮出来的米饭，光泽明显，口感更佳。

5 款美味米饭的做法

★ 5 厘米大小的干燥海带 2—3 块 + 大米 2 杯 = 有大海香气的有弹性的米饭。

★ 橄榄油 1 小勺 + 大米 2 杯 = 光润且黏性佳的美味米饭。

★ 豆浆 80 毫升 + 水 320 毫升 + 大米 2 杯 = 含大量氨基酸的营养米饭。

★ 蜂蜜 1 小勺 + 大米 2 杯 = 因淀粉酶酵素变得可口鲜甜的米饭。

★ 卤水 2 滴 + 大米 2 杯 = 因镁或矿物质而变得更具光泽的米饭。

\# 美味米饭煮法 \# 不够好的米也能煮出美味

28 # 去除豆腐水分的方法

节约度 ★
省时度 ★ ★
推荐度 ★ ★

💜 准备　厨房餐巾纸

　　豆腐若直接放在油锅中煎，豆腐中所含的水分会使油锅中的油飞溅出来，一不小心就会造成"人身伤害"。若希望减少热油可能造成的伤害，请务必先减少豆腐的水分再下锅。

这样做

用厨房餐巾纸盖住豆腐，再放在耐热容器上，放入微波炉以中火加热 3 分钟。若不是可油煎的豆腐而是炖煮用的豆腐，则请盖上 2 层厨房餐巾纸，并在耐热容器中装一些水后再放上豆腐。取出后，只要将豆腐稍微按压一下，就能将豆腐中的水分去除。

 # 巧用厨房餐巾纸 # 巧用微波炉

29 制作无腥味的炒小鱼干

　　小鱼干也是美味的海鲜之一，但处理不当就会产生腥味。真不想再忍受有腥味的炒小鱼干了！只要利用以下方法，就能做出口感酥脆又没有腥味的炒小鱼干。

这样做

1　小鱼干放入平底锅以中火拌炒，注意不要炒焦，当小鱼干变酥脆后，起锅装盘。

2　擦掉残留在平底锅内的小鱼干碎屑，接着准备煮酱料（酱油、砂糖、水、大蒜）。酱油的量可依据小鱼干的咸度做调整。

3　将刚刚炒好的小鱼干放入煮沸的酱料中，搅拌均匀即完成。

　　加入核桃一起炒，美味至极！

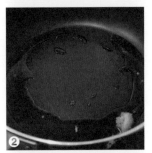

炒小鱼干

**快速剥除
水煮蛋蛋壳的方法**

节约度 ★
省时度 ★ ★
推荐度 ★ ★

通常鸡蛋熟后，会浸泡在冷水中再剥壳，但是这样做无法保证将蛋壳剥干净。其实，只要一个简单的步骤，就能将蛋壳剥得干干净净。

这样做

1 以汤勺在鸡蛋平坦面轻轻敲打，敲出细细的线条。因为有气室与膜，所以这样做并不会让鸡蛋在水煮过程中破裂。

2 依照平时的方法煮鸡蛋。虽然气室内的空气一直咕噜咕噜地冒出来，让人担心蛋是不是快破了，但是因为还有一层膜在，所以大可放心。这样做的话，热水会渗入破碎的蛋壳与膜之间，很容易便可以剥除蛋壳。

3 煮熟的鸡蛋浸泡冷水后，再轻轻敲出一些裂缝，就能够轻松剥掉蛋壳。

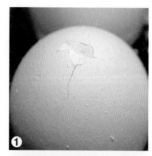

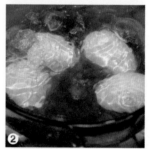

 # 剥蛋壳

31 # 快速剥生虾壳的方法

节约度 ★
省时度 ★ ★
推荐度 ★ ★ ★

吃生的甜虾最能品味虾的鲜甜。然而，生虾壳实在很难剥除，不仅容易滑手，腥味又重。不过，只要用以下的方法，就能轻而易举地剥开生虾壳。

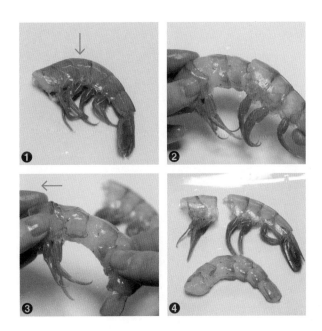

这样做

1 找出虾背弯曲处，通常在虾壳的第二、三节。

2 一手抓住虾壳前半部，另一手抓住虾尾往外，将虾壳尾部拉开。

3 当虾壳尾部被拉掉后，则抓住虾尾部分的虾肉；接着，抓住虾前半部的另一手也往外拉开，即可将虾壳剥掉。

4 这么做的话，就能轻松地将虾壳与虾肉分离了。

 # 剥虾壳

优雅剥熟虾的方法

💜 准备　汤勺、叉子

　　用双手剥煮熟的虾，总是得弄得脏乱不已才能吃到一口虾肉。尤其是外出用餐或在男朋友以及不熟的人面前，实在不好意思用双手剥虾壳，于是便选择不吃了。但是，虾实在是不容错过的美味。

这样做

1　用叉子叉住虾身，用汤勺将虾头先切掉。

2　继续用叉子叉住虾身，一样用汤勺切掉虾尾。虾尾部分的肉与壳不容易分离，这时只要用汤勺用力按压住虾尾即可。

3　叉子继续叉着虾身，以汤勺去除虾脚。因为汤勺曲线与虾子腹部的曲线相似，所以一次就可以将虾脚去除。

4　接着，将汤勺伸入虾壳中，将虾壳翻起来。

5　将露出来的虾肉以叉子叉住取出。

 # 不用手剥虾壳

33 自制柔软的奶油

节约度 ★ ★
省时度 ★
推荐度 ★ ★ ★

💙 准备　塑料水瓶、鲜奶油、食盐

　　只要有高脂肪含量的鲜奶油，就能在家制作出柔软的奶油。若希望制作出如市售般质感较硬的奶油，则需要用到搅拌机；但若只是要制作涂抹在面包上的柔软湿润的奶油，只要有塑料水瓶就可以了。如果是用牛奶制作，则需要持续地摇晃塑料瓶 1—2 小时，想必手臂会断掉。现在就来挑战看看！

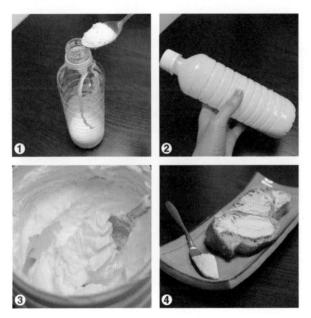

这样做

1 将鲜奶油 200 毫升与 1 小勺食盐装入 500 毫升容量的塑料水瓶中。可以依照个人喜好加入罗勒粉或蒜末。

2 盖上盖子，上下摇晃约 3 分钟。

3 当感受到重量时，就可以将塑料水瓶上半部剪开，将奶油倒出来。

4 这样做出来的奶油质地浓稠又湿润柔软，但与鲜奶油相比有一定的硬度，不会有像是咬下空气的口感。

 # 在家自制奶油

34 保留绿豆芽与黄豆芽的营养成分要领

节约度 ★
省时度 ★
推荐度 ★ ★

价格亲民的绿豆芽与黄豆芽是我们时常吃的菜，营养也十分丰富。

氨基酸
易黄酮
维生素C

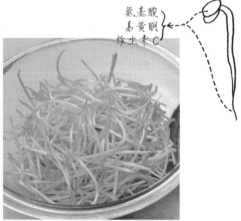

这样做

★ 若购买包装在塑料袋内的绿豆芽或黄豆芽，请务必用水清洗后再做菜。密封包装的黄豆芽与绿豆芽很容易因为包装内含有水分而滋生细菌，产生异味。另外，为了避免维生素 C 流失，勿以大碗装水清洗，改以流动的清水冲洗。

★ 不要将黄豆芽与绿豆芽的根部与头部修剪掉。这些部位具有高含量的氨基酸（有助于缓解宿醉）与异黄酮（天然的植物雌激素），但为了卖相好且怕影响口感，很多人会将它们修剪掉吧？事实上，这样也将营养一起丢掉了！若没有特别理由，请将根部与头部也一起食用吧。

★ 黄豆芽与绿豆芽汆烫后，勿以冷水冲洗，因为营养素容易溶解在水中而流失。汆烫后自然放凉，就能维持爽脆的口感。

 # 绿豆芽、黄豆芽

35 制作不易碎的炖豆腐

节约度 ★ ★
省时度 ★
推荐度 ★ ★ ★

💜 准备 食盐、水

　　将豆腐放入锅中炖煮时，豆腐容易破碎而使汤汁混浊。在吃的时候，用筷子也很难夹起豆腐，经常使整盘豆腐因为破碎而不好看。这时只要一点盐水，就能让豆腐不易破碎。

处理前　　　　　**处理后**

这样做

将 1 大勺食盐加入水中溶化；接着，将豆腐浸泡在盐水中 15—20 分钟，需注意水的高度要完全盖住豆腐。这样做可以减少豆腐本身的水分，豆腐就不容易破碎了。

 # 防止豆腐破碎

36 使潮掉的薯片
恢复酥脆口感

节约度 ★ ★
省时度 ★
推荐度 ★ ★ ★

　　与老公一起到超市买了薯片，吃到肚子都快炸开了，薯片还剩一大半。薯片酥脆才好吃，但吃不完的薯片很容易变软，失去酥脆的口感。

这样做

将变软的薯片放在耐热的盘子上，勿以保鲜膜包覆，以微波炉加热20—30秒。水分蒸发后，薯片就会恢复酥脆口感。

 # 巧用微波炉

37 久放依然酥脆的炸物法

💜 准备　面粉、水、食醋、面包粉

　　猪排或虾刚炸好时，还听得到"滋滋"的声响，酥脆无比。但放置一段时间后，这种口感就会消失。只要在面粉里加入一点食醋，就能够防止面衣结块。就算炸好后放置许久，也不会失去酥脆的口感。

这样做

1 将面粉 3 大勺、水 1 大勺与食醋 1/2 大勺搅拌混合均匀。

2 将食材沾裹面衣后，撒上少许面包粉，接着放入锅中油炸即可。用此方法可省略鸡蛋液。

 # 油炸食品保持酥脆的秘诀是添加食醋

38　放凉的炸鸡恢复酥脆的加热法

节约度 ★ ★
省时度 ★
推荐度 ★ ★

♥ 准备　喷雾器、铝箔纸、凉白开

　　酥脆口感是炸鸡的灵魂，凉掉后，因为水分变多，所以面衣会变得湿润而不好吃。只要好好地利用水分，便能让放凉变潮湿的炸鸡恢复酥脆的口感，这样做比起二次油炸更为健康。

这样做

1 将铝箔纸稍微揉皱后摊平，将炸鸡放在铝箔纸上。把铝箔纸揉皱，炸鸡里的水分才有空间可以躲藏。

2 把凉白开装在喷雾器中，在炸鸡表面喷洒两三次水。

3 用铝箔纸将炸鸡包住后，放入烤箱烤 3—5 分钟。待藏在面衣中的水分蒸发后，面衣间也会产生细小的空间，炸鸡就会恢复酥脆的口感了。

 # 不油炸加热炸鸡

39 # 让酸橘子变甜的方法

节约度 ★ ★
省时度 ★
推荐度 ★

💙 准备　热水

　　身为橘子控，每到冬天我的手就会变黄（因为剥了太多橘子皮）。就算是酸橘子我也照吃不误，但因为老公并不太喜欢酸橘子，所以为了老公，我只好想办法将酸橘子变甜。以下这个方法可以降低橘子酸度，并增加橘子的甜度。

这样做

★ 给橘子做一次"按摩"，然后静置数小时。按摩橘子可使橘子中的柠檬酸减少，橘子吃起来就会变甜。

★ 将橘子浸泡在40℃的热水中约10分钟。热水可以分解橘子中的酸性成分，让人感受到甜味。经过这一过程后，将橘子放入冰箱中冷藏，冰冰凉凉的，吃起来会更甜。不喜欢吃温热水果的人，同样建议先将橘子放入冰箱再吃。

 # 酸橘子变甜

40 零失败的蛤蜊吐沙法

节约度 ★
省时度 ★
推荐度 ★ ★

♥ 准备　食盐、水

　　因为老公不喜欢咬到沙子，所以不太吃蛤蜊。我想，同样讨厌这种感觉的人应该不少吧。只要准确调配好盐与水的比例，就能让蛤蜊彻底地吐沙。

这样做

1 大碗中装 500 毫升的水与 1 大勺的盐，搅拌均匀。只要准确地依照这比例混合就可以。

2 将蛤蜊搓揉清洗后，浸泡在盐水中。可以先将蛤蜊用筛网筛一遍再放入水中，避免吐出来的沙子再跑进蛤蜊中。

3 蛤蜊喜欢黑暗的环境，在碗上盖上托盘，放在阴凉处 3—4 小时。也可以用深色塑料袋来遮光。

在家也能吃到新鲜的蛤蜊

104

41　不会发霉的大米保存法

节约度 ★ ★
省时度 ★
推荐度 ★ ★ ★

大米通常会倒入米桶或塑料桶中保存，但长时间保存在18℃以上的空间内其实很容易滋生霉菌。最好将大米放在不会接触到空气的密闭容器内，在10—15℃的低温度空间保存，而且必须是不会被阳光直射的空间。因为大米容易吸收味道，所以要远离具有强烈味道的东西。这几点都注意到了，就能一直享用美味的米饭了。

这样做

★ 如果整袋大米处于密封状态，可直接放置在
　冰箱的蔬果格中保存。

★ 塑料瓶消毒后沥干水分，倒入大米后拧紧瓶
　口，放在冰箱冷藏室中。

★ 若大米量太多无法放入冰箱存放时，需收纳
　在湿度与温度都不高的地方（避开水槽下方
　或是冰箱与微波炉旁边）；放在干辣椒附近，
　则可以防止米虫出现。

 # 大米存放 # 大米不喜欢温度高的地方

42 剥洋葱不流泪的方法

　　剥洋葱皮时会一边剥一边流泪，所以洋葱是主妇料理黑名单中的第一名。但只要放入微波炉稍微加热一下，就能轻易剥下洋葱皮。因为事先已经加热过，所以也能减少之后做菜的时间。洋葱在加热的过程中会膨胀，洋葱皮与洋葱之间便会产生空隙，洋葱皮就能轻易地被剥除。

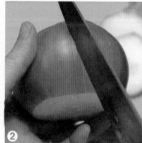
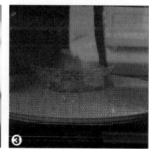

这样做

1 将洋葱底部切除。

2 用刀子在洋葱皮上轻轻地竖切出纹路。

3 将洋葱放入微波炉加热 2 分钟。

 # 剥洋葱皮 # 巧用微波炉

43 # 30 分钟快速制冰法

节约度 ★ ★
省时度 ★ ★ ★
推荐度 ★ ★ ★

💗 准备　铝箔纸杯、铝盘

　　没有冰块时，若在冰块盒内装水放入冰箱冷冻室冷冻，通常需要 3 小时以上才能结冰，但如果客人不久后就要来家里拜访了该怎么办？若家中有铝箔纸杯与铝盘的话，就能将结冰时间缩短为 30 分钟。

这样做

1 将铝箔纸杯在铝盘上排整齐，将水倒入铝箔纸杯中。

2 将装有铝箔纸杯的铝盘放入冰箱冷冻室，放置 30 分钟。

3 30 分钟后，冰块就做好了。

保存冰块的方法

我们家习惯制作大量冰块，但因为冰块久放后容易产生异味且不卫生，所以建议只保留一周内要使用的冰块量就好。余下的冰块可放入自封袋内保存，不仅不会产生异味，取用也很方便。

 **# 在家快速制冰**

轻松剥除鱿鱼皮

节约度 ★ ★
省时度 ★ ★
推荐度 ★ ★

💜 准备　厨房餐巾纸、食醋

　　因为老公很喜欢鱿鱼的弹性口感，所以我经常在家做鱿鱼。但清理鱿鱼时，由于表面很滑，因此要剥下鱿鱼皮并不是件容易的工作。

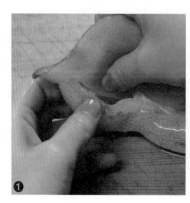 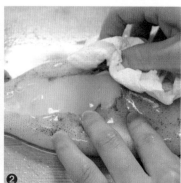

这样做

1　将鱿鱼头与身体分离后，往下拉。

2　将表皮的中间部分剥下后，以厨房餐巾纸抓住裂开的表皮用力拉开。新鲜的鱿鱼表皮能轻易地剥下来，但如果是已经放置一段时间的鱿鱼，就要先把食醋涂抹在表皮上，静置约 3 分钟后再剥皮，就能轻易剥下鱿鱼皮。

\# 清理鱿鱼 \# 巧用厨房餐巾纸 \# 巧用食醋

45 同时煮全熟与半熟鸡蛋

节约度 ★
省时度 ★ ★ ★
推荐度 ★ ★ ★

💙 准备 锅、马克杯

　　因为每个人的口味不同，所以偶尔会发生同时需要煮全熟与半熟蛋的情况。虽然如此，但是若将鸡蛋煮到一半，捞起来一些放凉，剩下的再继续煮，煮好后再捞出来放凉，这过程实在太麻烦。现在就给大家介绍一个简单的方法，能够同时煮全熟蛋与半熟蛋。

这样做

1 将要煮成全熟的鸡蛋直接放入锅中，半熟蛋则先放入马克杯中再放到锅内。

2 从冷水下锅开始加热约 15 分钟即可完成！一定要冷水下锅开始煮，马克杯才不会碎裂。

3 将煮好的鸡蛋用冷水冲洗剥壳，直接放入锅内的鸡蛋是全熟的，马克杯里的鸡蛋则是半熟的。比起锅中的水温，马克杯内的水温是慢慢上升的，加热鸡蛋需要更长的时间，这样就能同时煮出全熟蛋与半熟蛋。

水煮蛋 # 全熟、半熟鸡蛋

46 速溶咖啡华丽变身
冰卡布奇诺

节约度 ★ ★ ★
省时度 ★
推荐度 ★ ★ ★

♥ 准备 塑料水瓶、速溶咖啡、砂糖、水、牛奶、冰块

冰卡布奇诺是夏天可以同时享受柔和奶泡与咖啡香气的最佳饮料，若想在家中自己冲泡的话，其实并不需要浓缩咖啡机与奶泡这么麻烦。现在就教大家自己在家冲泡冰卡布奇诺的方法。

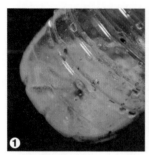  

这样做

1 在500毫升容量的塑料水瓶里加入2小勺的咖啡、1大勺砂糖与2大勺的水。可依照个人喜好调整咖啡与砂糖的比例。

2 盖上塑料水瓶盖使劲摇晃，最后，会因为产生泡沫，而使得塑料水瓶内液体流动速度变慢，这时，将咖啡倒入装有冰块的杯子中。

3 接着，加入冰凉的牛奶就搞定了。可以依照个人喜好撒上可可粉或肉桂粉。

 # 在家就能自制的甜蜜冰咖啡

47 速溶咖啡美味冲泡法

节约度 ★ ★
省时度 ★
推荐度 ★ ★

♥ 准备　水、速溶咖啡

　　速溶咖啡只要加入热水就能饮用，很方便，但就是缺少了那股用原豆咖啡煮出来的香味。其实只要稍微变化一下冲泡方法，速溶咖啡也能如原豆咖啡般美味。

这样做

1 先在速溶咖啡内加入 1 勺的水；接着，用勺子的背面按压速溶咖啡使之溶解。

2 当速溶咖啡溶化后，再加入热水即可享用。咖啡干燥时，会产生细微的小洞，先溶入的水能够将小洞中的空气挤压出来，之后就能让咖啡的原香味充分释放并溶解在热水中，既可降低咖啡的苦味，还能让咖啡口感更顺滑。这个方法咖啡粉也适用。

冲咖啡 # 速溶咖啡的冲泡方式

48 制作可以轻易咬开的
饭团海苔

节约度 ★
省时度 ★
推荐度 ★ ★

💜 准备　研磨板、厨房餐巾纸

　　我经常在家与家人一起做饭团，但咬下一口后，饭团外面的海苔常因湿气变得不容易咬开，就好像在咀嚼很老的肉，必须很用力才能将海苔扯开。此时，只要在海苔上制造一些细密的小洞，轻轻一咬，就能将海苔咬开。

这样做

★ 将海苔放在研磨板上，用厨房餐巾纸用力按压海苔。这么一来，海苔上会产生许多细密的小洞。

★ 制作紫菜包饭时也可以利用上述方法，海苔就能一口轻易咬开。

 # 海苔饭团 # 紫菜包饭

49 轻巧取贝柱法

节约度 ★ ★
省时度 ★ ★
推荐度 ★

♥ 准备　木筷

贝壳内有弹力十足又甜美的贝柱，但贝柱却往往都会附着在贝壳上无法取下，也吃不到，最后只好直接丢弃。这时候，只要稍微改变取贝肉的方法，就能连同口感佳的贝柱也一起取下享用。

用普通方法取贝肉

用此方法取贝肉

这样做

取下贝肉之前，先以木筷将贝柱与贝肉部分一起折起来，贝柱就会附着在贝肉上。贝柱是负责贝壳开合的肌肉，对于上下方向拉扯的力道很强，但往横向拉的力道则很弱，因此，用木筷将贝柱左右移动，就能轻易取下了。

取贝柱

50 维持烤吐司的酥脆感

节约度 ★
省时度 ★
推荐度 ★ ★

　　将吐司烤酥脆后放在盘子上，正准备抹上奶油与果酱时，经常会发现烤吐司的底层已经受潮湿润了，酥脆的口感也瞬间消失无踪。这时候会发现盘子上结有小水滴，这是盘子与烤吐司间有温差的缘故。若不想再吃到因为水蒸气而潮湿的烤吐司，请务必熟记以下方法。

这样做

烤吐司时，将盘子放在烤箱上。当盘子也被加热后，将烤吐司放在盘子上就不会产生水蒸气了。

 # 吐司保持酥脆口感 # 不受潮吐司

114

51 # 不会脱落的油炸面衣

节约度 ★ ★
省时度 ★
推荐度 ★ ★ ★

炸猪排时，常会发生面衣不肯乖乖附着在猪肉上的窘况，最后，就会出现面衣归面衣，猪肉归猪肉的情况。原因就出在面粉上。食材沾裹油炸面衣时，面粉的作用就是让油炸面衣不脱落，因此，必须先裹上一层薄薄的面粉，这样，油炸面衣和猪肉就会紧密地贴合在一起了。

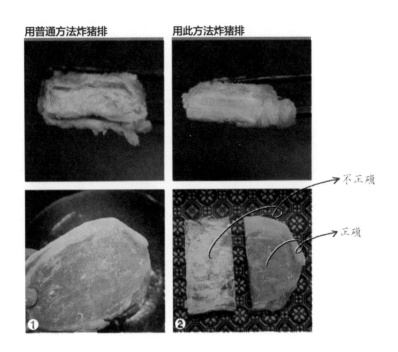

用普通方法炸猪排　　　用此方法炸猪排

不正确

正确

①　　②

这样做

1 先将猪肉裹上一层面粉；接着，用勺子轻轻敲打，将多余的面粉敲掉；再用刷子轻刷猪肉，让猪肉上的面粉只有薄薄一层。

2 猪肉上的面粉一定要轻薄，让人能够看到食材原本的颜色，然后，再沾裹上鸡蛋与油炸粉。

 # 炸猪排 # 油炸面衣不脱落

52 制作不需鸡蛋和面粉的
油炸面衣

节约度 ★ ★
省时度 ★ ★
推荐度 ★ ★

♥ 准备　蛋黄酱

　　好想吃炸肉啊！手边有肉，但却缺少鸡蛋和面粉，这时候，我往往会以牛奶代替鸡蛋，油炸粉代替面粉，先裹在肉上油炸一次，油炸粉就会像羽绒衣般变得蓬松不已。现在就来告诉大家用蛋黄酱取代面粉和鸡蛋来制作好吃炸肉的方法。

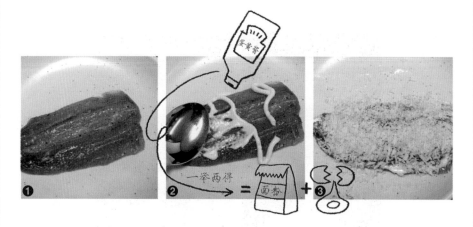

这样做

1 先将盐与胡椒粉涂抹在肉上调味。

2 在肉表面涂抹上一层薄薄的蛋黄酱。

3 再裹上满满的面包屑后油炸。蛋黄酱的黏性能够让油炸面衣与肉紧密地黏着在一起，从而取代面粉的功能。由于制作蛋黄酱的主材料是鸡蛋，因此它也可以用来取代鸡蛋。若涂抹了蛋黄酱，为了预防炸肉过于油腻，油炸时，使用少许的油即可，口感也会更加酥脆好吃。

 # 酥脆的炸肉 # 巧用蛋黄酱

53 制作口感松软的饭团

节约度 ★ ★
省时度 ★ ★
推荐度 ★ ★

💜 **准备** 小饭碗、饭勺、保鲜膜

　　外面购买的饭团不仅外形好看，每颗饭粒之间也有适量的空气，口感松软。但在家自己做饭团时，为了快速捏出形状，总是不经意地太过用力，而做出了像年糕般坚硬的饭团。这时只要利用小饭碗与饭勺，就能做出口感松软的饭团。

这样做

1 将半个饭团量的米饭装入小碗中。

2 在米饭上放置饭团中要添加的食材。

3 接着，再放上另外半个饭团量的米饭。

4 用饭勺轻轻按压，将碗内的米饭按压成圆形。

5 然后用保鲜膜包裹住饭团，再捏成三角形。

6 包裹上海苔即完成！

　　如何制作可以轻易咬开的海苔见第 112 页。

\# **制作松软的饭团**

54 制作布丁版法式吐司

节约度 ★ ★
省时度 ★
推荐度 ★ ★

💛 准备　焦糖酱、香草布丁、吐司

　　法式吐司制作起来稍嫌麻烦，并不属于我会想在家自己动手做的美食，但知道了这个方法后却超想尝试，于是在超市买了香草布丁，没想到做起来比想象中还要简单。由于市售的布丁含有牛奶、香草、鸡蛋与砂糖等原料，因此只要一个最常见的香草布丁就能做出这道美食。

这样做

1 将焦糖酱倒在布丁上并搅拌均匀，接着涂抹在吐司上。

2 将吐司放入烤箱烤约 3 分钟即完成。

3 只涂抹布丁的烤吐司就已经够美味了，再加上焦糖酱，不仅能让吐司保持湿润的口感，也增添了甜蜜香气，可谓完美的法式吐司。

 # 在家做法式吐司

用原味酸奶自制奶酪

💗 准备 过滤网、厨房餐巾纸、保鲜膜、原味酸奶

　　只要将酸奶中的水汽"拧干"，使酸奶质地变干，就能够取代奶酪或酸奶油做成奶酪蛋糕、干奶酪蛋糕以及提拉米苏。与奶酪相比，酸奶的热量低，价格也更亲民，但味道却一点都不逊色，十分推荐。

这样做

1 先将过滤网放在准备好的大碗中，注意过滤网不要触碰碗底。

2 将一张厨房餐巾纸铺在过滤网上，倒入原味酸奶。

3 接着，盖上保鲜膜，放入冰箱约半天即可，纯手工的奶酪就做好啦！

4 碗底剩下的乳清含有丰富的蛋白质、维生素与矿物质，请勿丢弃，不妨与果汁或牛奶一起混合食用。

 # 手工奶酪 # 请勿将乳清丢弃

56 用吐司边
自制面包屑与脆饼干

节约度 ★ ★ ★
省时度 ★
推荐度 ★ ★ ★

❤ **准备** 料理机、牛奶、砂糖、奶油

　　制作三明治时，通常会将吐司边切掉丢弃，其实，可以利用这些吐司边做成脆饼干或面包屑。脆饼干可以在油炸后撒上糖粉，加入鸡蛋与奶油，那令人回味的风味，只要吃一次就会上瘾。

面包屑

1 平底锅不放油，将吐司边放入锅中以小火干煎，注意不要煎焦。

2 当吐司边表面变硬后，取出来放入料理机中搅碎成粉末。自制的面包屑与市售面包屑比起来更为湿润，虽然油炸时容易吸油，但是口感较酥脆。

脆饼干

1 平底锅不放油，干煎吐司边。由于之后还要油炸，因此现在再加油会过于油腻，吃了也容易变胖！

2 将 1 小勺牛奶、3 小勺砂糖与 1 小勺奶油放入锅中，开小火轻轻翻炒。调味料依照此比例，再根据吐司边的数量增加或减少。接着，将干煎过的吐司边丢入放有调味料的锅中，搅拌均匀。

3 最后，加入 1 小勺砂糖再翻炒一下，令人越吃越上瘾的脆饼干就完成了。

巧用吐司边 # 制作面包屑 # 制作脆饼干

57 1分钟快煮意大利面的 2种方法

节约度 ★ ★
省时度 ★
推荐度 ★ ★

通常意大利面需要7—8分钟的时间才能煮熟，但是若先将意大利面放入热水里浸泡，那么只要1分钟就能煮熟，而且味道吃起来和平时没有什么差别。

水煮1分钟浸泡法

1 将意大利面丢入煮沸的水中，在1分钟内不停地搅拌，避免意大利面黏着在一起。此时不要转小火，一直以大火煮。

2 1分钟后熄火，盖上盖子静置7分钟。依照意大利面包装上所标示的时间煮也可以。即使关火，意大利面也能够维持20分钟约80℃的温度。

3 以筛网将意大利面捞起来，调味即可。

泡水后 1 分钟快煮

1 用塑料水瓶或自封袋装意大利面；接着，倒
入水浸泡约 2 小时。浸泡时间依照面的直径
会有所不同：1.4 毫米直径的面浸泡 1 小时，
1.7 毫米直径的面浸泡 1.5 小时，1.9 毫米直
径的面则浸泡 2 小时。

2 浸泡后的意大利面会变得较白且柔软。这时
候，也可以将自封袋或塑料水瓶中的水沥干，
直接放入冷冻室中保存。

3 将泡过的意大利面放入煮沸的水中煮 1 分钟；
接着，以筛网将面捞出来即可。

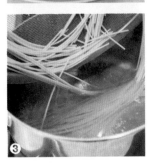

煮意大利面 # 巧用塑料水瓶

58 常见蔬菜的挑选与保存法

　　小时候很讨厌吃蔬菜多的咖喱，总是会将蔬菜挑出来后才吃，现在却变得很喜欢蔬菜，不禁感叹"啊！原来我年纪大了"。因此，最近若去市场，我总是会采买大量的蔬菜。然而，蔬菜的保存并不太容易。现在就向大家介绍蔬菜的挑选与保存的方法。

菠菜

底部叶子新鲜直立，颜色新鲜，宽并且具有弹性。根部越红，甜度越高。用湿的厨房餐巾纸包覆住，再装入塑料袋中，放入冰箱的保鲜室冷藏。

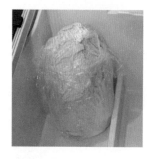

白菜

整体较沉重，按压上方稍有弹力，断面呈现白色的，就是较新鲜的白菜。用报纸或保鲜膜包裹住，放入冰箱冷藏室冷藏。使用时别用刀切，建议以手直接摘下一片片叶子，如此便能维持较长时间的新鲜度。

卷心菜

选择芯的颜色较白且小，叶子坚挺，整棵较沉重的。然而，若是挑选春天种出来的卷心菜，则要选叶子薄且轻的，才能品尝到卷心菜柔和的味道。将芯挖洞，塞入湿的厨房餐巾纸，再以保鲜膜包裹住，芯的部分朝下，放入冰箱的保鲜室内保存。

萝卜

挑选表面光滑并且沉的，根、叶新鲜且少的萝卜。由于叶子容易吸收水分与营养，因此先将叶切掉，再以保鲜膜包裹住放入冰箱保鲜室冷藏。

黄瓜

挑选表皮新鲜，颜色深并且沉的黄瓜。弯曲与否无关紧要，整条粗细相同的较好，圆滚滚、胖嘟嘟的较为新鲜。黄瓜本身的水分多，容易挥发变干，请以保鲜膜包裹住，蒂头朝上，以直立的方式放入冰箱冷藏室冷藏。

土豆、洋葱

请挑选表皮薄且光滑，整体触感坚硬的土豆。若存放在阳光直射处，容易长出有毒的芽儿，建议放在凉爽阴暗处。水汽会导致土豆腐烂，不妨放在报纸或纸袋内。若是存放在冰箱内的话，建议先放入塑料袋中。若与苹果一起装在塑料袋中，则可以延缓发芽。

洋葱则是挑选表皮干燥有光泽，整体坚硬且沉的。整个洋葱可以直接放在凉爽的阴暗处；吃一半剩下的洋葱可以先用保鲜膜包裹好，再放入冰箱保鲜室冷藏。

葱

挑选绿色与白色分明，且白色部分较坚硬的葱。切掉绿色部分时，流出来的津液就是葱新鲜的证据。以报纸或厨房餐巾纸包裹住再放入塑料袋内，放入冰箱保鲜室冷藏。若是沾有泥土的葱，请直接以报纸包裹后，放置在阴凉处即可。

西红柿

请挑选颜色均匀呈现鲜红色、蒂头为新鲜的绿色、较沉的西红柿。若购买还未成熟的绿色西红柿，直接放置在常温下储存即可；红色西红柿则需以塑料袋或保鲜膜包裹住，蒂头朝下，放入保鲜室冷藏。

芹菜

挑选叶子颜色深，根茎较厚且水分充足的芹菜。因叶子容易吸收根茎部分的营养，存放时，先将叶子与根茎切段，放入自封袋或以保鲜膜包裹好，再放入冰箱保鲜室冷藏。若直接就将芹菜放入冰箱，不用半天时间，芹菜就会"四肢无力"地瘫倒了。因此，买回家后请立即处理。

青椒、红椒

挑选蒂头颜色鲜明、切开的断面颜色没有变黑、表面发光且光滑的青椒与红椒。由于水分容易挥发，以保鲜膜包裹住或收纳在自封袋内，再放入冰箱保鲜室冷藏。

胡萝卜

挑选颜色深且表面光滑的胡萝卜。由于胡萝卜皮薄，容易受湿气影响，也容易干掉，最好能以保鲜膜包裹住，以直立的方式存放在保鲜室内。由于表皮很薄，清洗泥土时，就等同于削皮了，所以不需要再用削皮刀削皮，清洗后，就可以直接使用了。

圆生菜

挑选芯的部分白色且小，叶子翠绿的圆生菜。重量沉且叶子较硬的圆生菜苦味较重。与卷心菜一样，若直接连同芯的部分一起存放，水分容易流失，因此，要先将芯的部分去掉。若用刀子切掉，接触到刀子的部分容易变色，建议以手直接掰。接着塞入湿的厨房餐巾纸，再以保鲜膜包裹住，放入冰箱保鲜室冷藏。

\# 蔬菜保存法 \# 巧用厨房餐巾纸 \# 巧用保鲜膜 \# 巧用自封袋

59 蔬果冷冻保存与烹饪方法

节约度 ★ ★ ★
省时度 ★ ★
推荐度 ★ ★ ★

　　蔬果若长时间存放在冰箱的保鲜室内，容易因水分蒸发而变蔫；水分若太多，又容易滋生霉菌。因此，短时间内不吃的部分，可以放入冷冻室保存。但必须先清洗干净，并将附着在表面的水分擦干后，依照不同的用途分别放入冰箱冷冻室。由于蔬菜含有水分，解冻后会变软，清脆口感就会消失，因此尽量入汤或者炖煮较好。

葱

冷冻　葱清洗后，必须先将表面的水擦干。白色部分切成丝；绿色部分通常用来煮汤，切成长条状装入自封袋中，再冷冻。

烹饪　将要用的部分取出来，直接使用即可。

香菇

冷冻　香菇依照料理用途切开后，放在自封袋里冷冻。

烹饪　在冷冻状态下直接使用，口感上并不会有太大不同；煮熟或解冻后，味道会更醇厚。与其他蔬菜相比，香菇在翻炒过程中不易出水，更适合热炒，直接在冷冻状态下热炒也没问题。蘑菇、金针菇等其他菇类也适用以上方法。

胡萝卜

冷冻　清洗干净后，依照用途切丝或切块，放入自封袋中冷冻。

烹饪　做咖喱或炖煮时，使用冷冻胡萝卜，味道会更鲜甜。也可用来做不需要胡萝卜清脆口感的热炒。

西红柿

冷冻　西红柿洗干净后，将表面的水擦干，无须切开，直接放入自封袋中冷冻。无须汆烫也不用水煮。

烹饪　冷冻状态的西红柿吃起来像冰沙；解冻后表皮很容易被剥开，使用时会很方便。解冻后，可使用研磨板磨成西红柿汁。

黄瓜

冷冻　把水分多的黄瓜切成薄片，撒盐腌制后去除水分，依照使用量分别收纳成一袋一袋的，再放入冰箱的冷冻室里冷冻。

烹饪　解冻后若用于腌泡，可以感受到爽脆口感。

萝卜

冷冻　去皮的萝卜切成 3—4 厘米的块状，先用保鲜膜包裹住，再放入自封袋里，或是研磨成泥冷冻。

烹饪　放冷藏退冰至一半时，就可以用于炖煮。萝卜泥解冻后，可以在吃面食的时候蘸酱食用。

洋葱

冷冻　剥掉表皮后，依照用途切丝或汆烫，再放入冰箱冷冻室。

烹饪　因为冷冻，蔬菜的水分会快速蒸发，所以洋葱适合炒过后，再制作成肉酱、咖喱与汉堡排等美食。

香蕉

冷冻　剥皮后洒上柠檬汁，每一根都分别以保鲜膜包裹住，再放入自封袋冷冻。

烹饪　冷冻状态下直接加牛奶或豆浆做成冰沙；切成小块，冰冰凉凉的直接吃也不错。

奇异果

冷冻　去皮磨成泥，放入自封袋中冷冻。

烹饪　冷冻状态下，可直接放入腌制肉类料理的酱料中。

菠菜

冷冻　先以清水洗干净后，再以筛网过滤水分。接着，切成5—6厘米的长度，装入自封袋后，再冷冻起来。

烹饪　汆烫后，口感会变得没那么清脆，不适合做成拌菜。建议制作成味噌汤或蔬菜泥食用。

\# 蔬果冷冻法 \# 蔬果冷冻后的烹饪方法

60　其他食材冷冻保存与烹饪方法

节约度 ★ ★ ★
省时度 ★ ★
推荐度 ★ ★ ★

　　年糕、面包等都是需要冷冻保存的食材。但若保存不当，冰箱就很容易散发出可怕的异味，食材也会腐烂而必须丢掉。一不留神就容易过期的牛奶等乳制品，放在冷冻室就可保持较长的保鲜期。保存好的话，不仅可以延长食用时间，还不会制造出食物垃圾。

普通面包

冷冻　按一次要吃的量分好，用保鲜膜包裹住，装入自封袋中冷冻。

烹饪　放常温下解冻后立即吃，或放入烤箱烤制。

吐司

冷冻　以保鲜膜将吐司一片片包裹住，装入自封袋后冷冻。

烹饪　直接以冷冻状态放入烤箱烤制。若要制作吐司比萨，则需等吐司解冻后再制作。

肉类

冷冻　肉类即使放置了三四天还是会有很重的腥味，放在冰箱里会影响其他食材的味道。先将肉按一次的用量分好，以保鲜膜包裹住，装入自封袋内冷冻保存，或是腌泡后冷冻保存。

烹饪　放在冰箱冷藏室解冻后，再处理。

火腿

冷冻　由于市售火腿一般没有小包装，因此如果食用量小，剩下的部分就很容易变质。先将火腿按一次的食用分量分好，再以保鲜膜包裹住，装入自封袋后冷冻。

烹饪　放入冰箱冷藏室解冻后，再处理。

蛤蜊

冷冻　将吐沙后的蛤蜊清洗干净，擦干表面的水后装入自封袋冷冻。

烹饪　将冷冻状态的蛤蜊直接丢入汤中或炖煮的菜肴中。

牛奶

冷冻　比起直接将牛奶冷冻，更适合在牛奶中加入奶油、面粉等做成白酱后再保存。做好后装入自封袋内压平再冷冻。

烹饪　融化后直接当成白酱使用即可。

奶酪、奶油

冷冻　依据要使用的分量切成小块，以保鲜膜包成小包装，装入自封袋内冷冻。

烹饪　因为口感与味道会一天天地变差，所以建议以冷冻状态直接使用。

米饭

冷冻　趁米饭还温热，以保鲜膜包裹住1人份的量，装入自封袋中冷冻。请尽量将米饭压扁，可以减少日后解冻的时间。

烹饪　将米饭从自封袋取出后，连同保鲜膜一起放入微波炉加热2分钟，即可享用如刚煮好般湿润口感的米饭。

年糕

冷冻　年糕很容易滋生霉菌。在年糕还松软时，分成一次刚好的分量，以保鲜膜包裹住装入自封袋后冷冻。

烹饪　放在常温下解冻后再吃；若要做成炒年糕，则可直接以冷冻状态制作；需要油炸，则在年糕解冻后，将表面的水擦干后再处理。

食材急速冷冻的方法

食材冷冻时，若慢慢结冰，水分会挥发掉，口感就会变差。可以在冷冻室底部先铺上一层铝箔纸，再放上欲冷冻的食材。导热效率好的铝箔纸可以帮助食材快速结冰。

 # 食材冷冻法 # 食材冷冻以后的使用方法

三

衣物保养

手洗针织衣物不变形的方法

节约度 ★ ★ ★
省时度 ★ ★
推荐度 ★ ★

💚 准备　中性洗衣液

掺有克什米尔羊毛的针织衣物保暖性佳，是冬季必备单品。虽然担心昂贵的克什米尔羊毛在洗涤过程中变形，但是若每次都送干洗，钱包还是会紧绷绷。大家知道用手洗也能不变形的洗衣方法吗？

这样做

1 倒入温水（约30℃），并依照洗衣液包装上标示的分量倒入洗衣液。

2 将衣服折好放入混有洗衣液的水中浸泡，之后再拿出来，再次重复上一动作。若污渍明显，则浸泡约10分钟。这时需注意，若搓揉衣服，衣服还是有可能变形的。

3 接着，将衣服折好换到另一盆干净的水中浸泡，再拿出来。重复此动作漂洗衣服。

4 将衣服放入洗衣机内脱水15—30秒，再将衣服摊平放在大浴巾上晾干。因为脱水时间很短暂，若用衣架吊挂，衣服会因水的重量而拉长变形，需要特别注意。

克什米尔羊毛洗涤法 # 羊毛衣物不能用手搓揉

2 去除针织衣物上的动物毛发

节约度 ★ ★ ★
省时度 ★ ★
推荐度 ★ ★

　　家里若养有狗狗或猫咪，应该对衣服粘上许多毛发习以为常，尤其在穿黑色针织衫后，衣服上的毛发会更为明显。通常可以利用封箱的宽胶带将毛发粘掉，但其实宽胶带的黏性可能会破坏针织衫的纤维。这时候，若身边没有其他道具，单单运用双手也能去除衣服上的动物毛发。

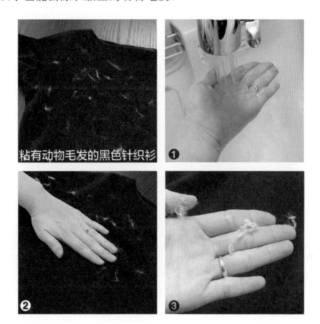

粘有动物毛发的黑色针织衫　❶　❷　❸

这样做

1 为了防止产生静电，一只手先蘸水。

2 用干燥的手抓住针织衫，蘸了水的手上下轻轻搓揉衣服。

3 毛发会附着在蘸了水的手上。过程中若手上的水消失，就必须重新蘸水。

 # 动物毛发去除法

3 无夹痕也不怕被风吹落的
针织衣物晾晒法

节约度 ★ ★ ★
省时度 ★ ★
推荐度 ★ ★

💜 准备 晾衣夹、毛巾

　　将针织衣物吊挂在衣架或晾衣竿上时，为了防止风大将衣服吹走，通常会夹上夹子来固定衣服。但是，当衣服干燥后，却会产生明显的夹子痕迹，简直就像是我脸上的皱纹般无法消除。

这样做
用夹子夹针织衣物时，不要直接夹上去，先在针织衣物上盖上一条毛巾，就能防止产生夹子痕迹了。这样做，就再也不用为了遮掩夹子痕迹，刻意背上双肩背包了。

★ 厚重牛仔裤不掉落的晾衣法

洗过的牛仔裤因为水分的关系变得十分重，即使用夹子固定在衣架上，仍很容易掉落在地上。这时，先将衣架穿过腰带环部分，再像平时一样晾晒，不论风再怎么大，都不能将牛仔裤吹落了。

有夹痕的针织衣物

无夹痕的针织衣物

错误的方法
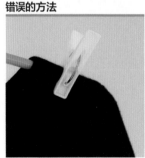

正确的方法

晾晒针织衣物 # 晾晒牛仔裤

4 有效去除污渍的洗衣法

节约度 ★ ★ ★
省时度 ★ ★
推荐度 ★ ★ ★

💗 准备　塑料水瓶

　　以前在搓衣板上用力搓揉衣服，能将附着在衣服上的污渍去除得很彻底。而现在大家多半是将衣服丢进洗衣机，搓衣板的功能几乎被完全取代，甚至多数人家中都没有搓衣板。现在就教大家用洗衣机也能将衣服清洗得像用了搓衣板一样干净的方法。

这样做

将脏衣物丢进洗衣机内，并在脏衣物上放入 2 个 500 毫升容量的空塑料水瓶。当洗衣机开始转动时，2 个塑料瓶摩擦的力量可以帮助去除污渍。脱水时，因为洗衣机内的塑料水瓶会产生像工地施工般的噪声，所以请务必先将其取出。针织衣物或需要干洗的衣物容易损伤，请避免用此方法。

巧用塑料水瓶 # 脏衣服不用洗两遍

5 防止清洗后 T 恤领口变宽松的方法

节约度 ★ ★ ★
省时度 ★ ★ ★
推荐度 ★ ★

💜 准备　橡皮筋

　　每天不停地穿过我的大头，再加上洗衣机的摧残，昂贵的新 T 恤领口部分没多久就会变松，最后，沦落到成为只能在家穿的 T 恤。由于无法将我的头变小，那么就只能从洗衣时防止领口变松的方法下手，将 T 恤的穿着时间延长。

这样做

1　T 恤的领口处以橡皮筋轻轻地绑起来。若捆绑太紧，衣服上会产生皱褶，
　　只要捆绑 2—3 圈即可。

2　用洗衣机清洗后，将橡皮筋解开，领口既不会变松，衣服也不会产生皱褶。

＃ T 恤领口不变形 ＃巧用橡皮筋

让 T 恤变松的领口复原

💚 准备　熨斗

　　T 恤或针织衣物穿久了，领口容易变宽松，整件衣服也会走样，最后只能沦为在家穿的家居服。其实，只要利用简单的方法，就能修复已经变得宽宽松松的领口。

复原前　　　　　　**复原后**

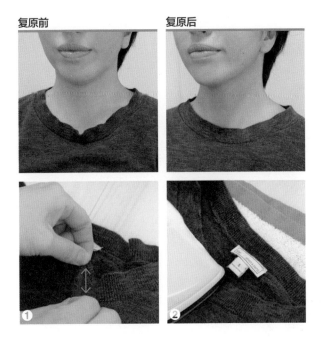

这样做

1 洗衣后，因湿衣服的重量与衣架的倾斜度，紧密的十字形的衣物纤维就容易往两旁拉长变形。因此，请往反方向将领口部分往上拉。领口部分每一处都不要漏掉，一一仔细地往上拉。

2 接着，以熨斗熨烫即可。

T 恤领口不变形 # 巧用熨斗

7 快速晾干衣物的 3 种方法

节约度 ★ ★ ★
省时度 ★ ★ ★
推荐度 ★ ★

厚重毯子、棉被快速晾干

将毯子或棉被以三角形的状态挂在晾衣竿上。因为即使脱水过仍会残留一部分水，这些水会聚集在角落。为了让这些具有重量的水更快往下掉落，三角形的挂法会比四角形更有效率。

枕头快速晾干

在晾衣夹的两端夹上毛巾的 4 个角；接着，将枕头放在毛巾上。毛巾可以吸收枕头中的水分，比起直接平放晾干的速度更快。

室内快速晾干衣物

吊挂时，请将裤子或浴巾等较长的衣物挂在晾衣竿的两侧，中间吊挂较短的衣物，使衣物排列呈弧形。在衣物下方铺揉皱的报纸，电风扇以微风往衣物方向吹。若以弧形方式吊挂衣物，内部的空气会停留在原地使温度上升，成为热空气后又再往上升，因而形成流动的空气，衣物自然就干得快。揉皱的报纸则具有吸收周围湿气的功效。

\# 晾衣服 \# 晾枕头 \# 晾毯子和棉被

8 # 轻松整理晾衣夹

节约度 ★ ★ ★
省时度 ★ ★
推荐度 ★ ★

💙 准备　保护水果的网套

　　换洗衣物少时，没什么太大问题；但若换洗衣物量非常大时，一个个拿取晾衣夹就很耗费工夫。尤其等到收取晾干衣物时，必须先将一个个的晾衣夹自衣服上取下，再集中收在桶子内，十分麻烦。这时候，只要将保护各类水果的网套套在手腕上，就能轻易快速地整理好晾衣夹了。

这样做

1 将水果网套对折2—3次。

2 将晾衣夹夹在网套的边缘，双手伸过网套就能使用了。收衣服时，双手伸过网套，直接将收下来的夹子夹在网套上，十分便利。

晾衣夹收纳保管 # 巧用水果网套

9 防止新衣物初次洗涤褪色的方法

♥ 准备　食盐

深色牛仔裤或黑色衣物与其他衣物一起清洗时，偶尔会发生染色的情况。洗衣时，若担心有新衣服褪色造成其他衣服染色，不妨在水中加入一点食盐。

这样做

在 2 升的水中加入 2 大勺的盐混合后，将容易褪色的衣服浸泡半天，再用冷水清洗后放入洗衣机内清洗。盐中含有镁与钾，能够防止褪色。

防止新衣服褪色 # 巧用食盐

10　不破坏纤维的衣物消毒法

💗 准备　衣物彩漂液、不锈钢锅

　　不仅内衣需要消毒，其他衣物偶尔也要放入锅中煮沸消毒。然而，就如同人会被热水烫伤一样，衣服若频繁地煮沸，纤维也会变烂。但若没有将衣服煮沸消毒就直接穿，心里总感觉怪怪的。此时，就请利用不破坏纤维的方法来消毒衣物吧。

这样做

1 在不锈钢锅中放入衣服、水与适量的衣物彩漂液。请记得准备一个专门用来煮沸衣物的不锈钢锅。

2 在大火煮沸前（冒小泡泡约 80℃）先熄火。冒出纤维气味的温度约为75℃，这时纤维已经受损！因此，若煮沸太久，纤维就会毁坏烂掉。

3 将锅子静置约 1 小时，让热水冷却。待温度降到约 40℃时，彩漂液所含的酵素活性变大，漂白效果更好。

4 将放凉的衣服放入洗衣机，以清水漂洗后，再脱水即可。

\# 衣物消毒

11 # 轻松去除洗衣后粘在
衣服上的卫生纸

节约度 ★ ★ ★
省时度 ★ ★
推荐度 ★ ★

💙 准备　洗衣网

　　衣服口袋里的卫生纸或收据一旦变成纸屑粘在衣服上，不论洗衣机再怎么认真转动，都无法将衣服清洗干净。较大块的纸屑还能用手拿掉，细小的纸屑不论再怎么用力抖都抖不掉，实在让人火大。现在就告诉大家利用家中的洗衣网就能将卫生纸屑清理干净的方法。

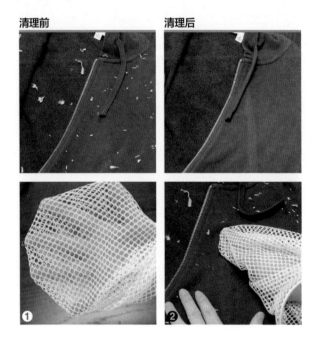

清理前　　　清理后

这样做

1 将手伸入洗衣网中，让洗衣网将整个手掌包覆住。这时建议选择网洞较大的洗衣网。

2 套有洗衣网的手，在衣服上以同一个方向摩擦，洗衣网的网洞带动卫生纸屑，就能将其一一去除。

洗衣后去除卫生纸屑 # 巧用洗衣网

12 清洗泛黄脏污的衣领

节约度 ★ ★
省时度 ★ ★
推荐度 ★ ★

💙 **准备** 厨房清洁剂、小苏打、彩漂液、牙刷

　　老公在外工作一整天才回家，看到衬衫衣领上沾满了污渍，就能感受到老公有多辛苦了。为了让亲爱的老公穿上干净的衣服，绝对要将这些泛黄的污渍全部清洁干净。

清洗前

清洗后

这样做

厨房清洁剂与小苏打以 1：1 的比例混合后，洒在污渍上，以牙刷轻轻刷洗污渍，然后用温水漂洗。在这阶段若能将污渍去除掉，即可将衣服放入洗衣机清洗。若仍然残留污渍，则在热水中加入彩漂液，把衣服浸泡在其中约 1 小时，再放入洗衣机清洗。皮脂与汗水结合所产生的污渍，不容易用水清洗干净，因此，利用厨房清洁剂中含有的表面活性剂成分，能够去除油污，再与清水一起清洗，就能将污渍去除。但需注意，弱酸性的厨房清洁剂效果较差，使用前请先确认成分表。

＃ 去除衬衫污渍 ＃ 巧用小苏打

13 # 预防衣领变脏变黄

节约度 ★ ★
省时度 ★ ★
推荐度 ★ ★

💙 **准备　婴儿爽身粉、粉扑**

　　沾满污渍的衬衫若希望只用洗衣机洗干净，秘诀就是使用让婴儿屁屁保持干燥的婴儿爽身粉！将婴儿爽身粉撒在衣领上，就能防止皮脂、汗水、灰尘等渗入纤维内；再加上爽身粉易溶解在水中，只要丢入一般的洗衣机内清洗就能清洗干净。

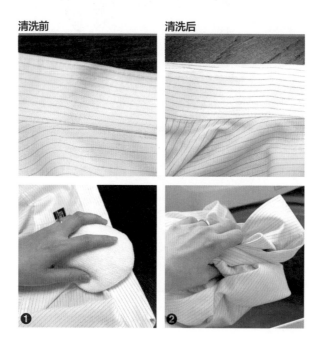

清洗前　　清洗后

这样做

1 用粉扑蘸取些许婴儿爽身粉，轻轻拍在容易脏的领口与袖口上。

2 就跟平常一样清洗即可。婴儿爽身粉的效果是一次性的，当衣服清洗晾干后，要再穿之前，就必须重复步骤 1 的动作。

 # 衬衫保养 # 巧用婴儿爽身粉

14 去除针织衣物毛球的 2 种方法

💚 **准备　海绵、刮胡刀**

　　针织品最大的缺点绝对就是起毛球！即使是全新的衣服，只要出现一颗小毛球，看起来就像是穿了很久的旧衣服，这绝对是不能容忍的事情。

用凹凸不平的洗碗海绵去除毛球

利用凹凸不平的洗碗海绵在毛衣表面以同一个方向摩擦，毛球就会粘在海绵的缝隙中。因为使用的是柔软的海绵，所以不需担心会损坏衣服，可以安全地去除毛球。但要特别留意的是，去除毛球容易将针织衣物的纤维拉长，动作最好轻柔些。

用刮胡刀去除毛球

将针织衣物在宽阔处摊平，以一次性的刮胡刀在针织衣物表面平行移动，就能将毛球去除。锐利的刀刃能够轻易将毛球刮除，整理方式让人轻松愉快。但是，除了毛球以外，多少也会刮掉纤维，因此，材质较薄的针织衣物请以海绵去除毛球，避免将衣服刮破。

 # 去除衣物毛球 # 巧用洗碗海绵 # 巧用刮胡刀

15 制作可以去除陈旧
污渍的魔法清洁剂

节约度 ★ ★
省时度 ★ ★
推荐度 ★ ★ ★

♥ 准备　小苏打、彩漂液、水、厨房清洁剂、牙刷

　　穿着牛仔裤骑自行车，突然在大腿处发现了油印子！回家后马上清洗，但因为是陈年污渍，所以不容易清洗掉；之后再进行第二次清洗，一样洗不掉！昂贵的裤子就这样无法再穿了。看到了电视上介绍的魔法清洁剂，半信半疑地跟着试做，油污真的消失了！

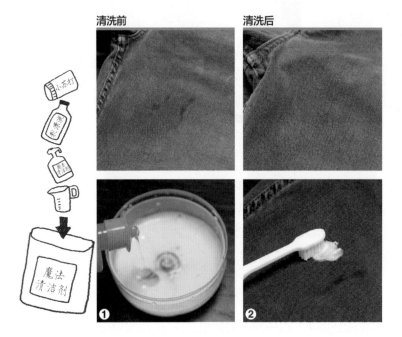

清洗前　　　　清洗后

① ②

这样做

1 将 1 勺小苏打、3 小勺彩漂液、1 小勺水均匀混合搅拌至没有粉末的状态。

　　接着，滴入 3 滴厨房用的中性清洁剂，用牙刷搅拌 2 次。

　　若搅拌太多次，就会使魔法清洁剂失效。

2 在衣服脏污处的背面垫上一条毛巾，以牙刷蘸取魔法清洁剂刷洗脏污处。

　　再以流动清水冲洗后，丢入洗衣机清洗即可。

 # 去除衣服脏污 # 巧用小苏打

16 ## 清洗沾在衣服上的粉底

💙 准备　卸妆油

　　化妆后穿衣服或脱衣服，容易将脸上的粉底沾在衣服上，就算放入洗衣机清洗也很难洗干净。这时候，先在衣服沾有粉底处涂一点卸妆油，揉搓一下，再丢入洗衣机清洗即可。

这样做

1 在沾上粉底的地方滴上些许卸妆油。材质轻薄的衣服可以直接揉搓，较厚的材质则可以使用毛巾或餐巾纸擦拭。

2 将卸妆油与衣服一起揉搓后，先用温水洗一次，再丢入洗衣机正常清洗即可。

 # 去除衣服上的粉底

17 # 去除衣服上的食物痕迹

节约度 ★ ★ ★
省时度 ★
推荐度 ★ ★ ★

❤ **准备** 纸巾、马克杯、热水、漂白水、牙刷

　　每次只要一穿白色的衣服，我的嘴巴就好像轮胎漏气般，吃东西时总是会喷出许多食物屑。在外吃东西若弄脏衣服时，该如何马上做紧急处置，回家后衣服才能更容易地清洗干净呢？现在就依据含油脂食物与不含油脂食物，分别告诉大家不同的处理方法。

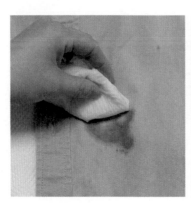 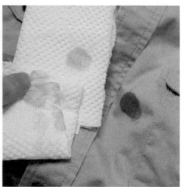

不含油脂食物处理法

在污渍背面垫上一层干纸巾，然后用湿纸巾用力按压擦拭污渍。等到衣服上的污渍已经不会再渗透到背面的干纸巾上，在外的紧急处理便算完成。

含油脂食物处理法

在污渍背面垫上一层干纸巾，再利用另一张干纸巾用力按压擦拭污渍。等到衣服上的污渍已经不会再渗透到背面的干纸巾上，在外的紧急处理就已经完成。虽然仍留有痕迹，但是此时若蘸水擦拭，污渍反而会沉淀到衣服的纤维中，之后即使用洗衣机清洗也清洗不掉了。

将食物污渍完美地清洗干净

1 在马克杯中装热水（90℃）。

2 将留有污渍痕迹的部位放在马克杯上。热水的蒸汽往上升，有漂白水的功能。使用热水时，请小心避免烫伤。

3 将漂白水倒入水中混合均匀，牙刷在其中浸湿后刷洗污渍。注意刷洗时，不要让污渍扩大。

4 当污渍痕迹变淡时，就能将衣服丢至洗衣机内清洗。

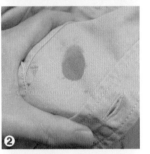

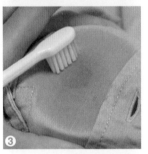

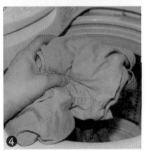

 # 去除衣服上的污渍

18 **防止衣物产生静电的秘诀**

节约度 ★ ★ ★
省时度 ★ ★
推荐度 ★ ★ ★

💗 **准备** 衣物柔软剂、水

　　每次与老公牵手时就会有麻麻的触电感，这就是我们相爱的证明吧？其实是想多了，明明就只是静电啊！尤其是穿着聚酯纤维或毛织材质的衣服，更容易产生静电，一整天下来，无时无刻不被电到。其实出门前，只要将衣物柔软剂与水混合后喷洒在衣服上，就能防止产生静电了。

这样做

1 将 1 小勺衣物柔软剂与 100 毫升水一起倒入喷雾器中，混合均匀。

2 将混合好的液体喷洒在要穿出门的衣服上。若是穿着很容易产生静电的衣服出门，可以随身携带喷雾器。

防止产生静电 # 巧用衣物柔软剂

19 只穿一两次的
冬季大衣清洗法

节约度 ★ ★ ★
省时度 ★
推荐度 ★ ★ ★

💙 **准备** 中性洗衣液

　　冬天没穿几次的大衣，若没有沾上污渍，也没有残留任何的气味，总觉得送干洗店干洗有点浪费。虽然如此，但是若将大衣直接放入衣柜收纳，又担心外来的灰尘或霉菌，在湿气重的夏天来临时，会导致衣服发霉。这时，其实不用送干洗店，在家中就能自行清洗。

这样做

1 先将少许中性洗衣液倒入热水中，注意洗衣液的用量为不要让水起泡沫。

2 将毛巾浸入混合好的热水中后取出来拧干，将整件大衣擦拭一次。接着，用清水冲洗毛巾，拧干后再擦拭一次。

3 将大衣晾晒在太阳下，让水汽完全蒸发掉，就可以放入衣柜收纳了。但需注意，大衣若长时间放在太阳下晾晒，有可能变色。

冬季大衣保养 # 清除衣物的轻微污渍

20 # 在家清洗羽绒服和皮草

节约度 ★ ★ ★
省时度 ★
推荐度 ★ ★

💙 准备 羽绒服专用洗衣液、中性洗衣液

虽然大家都认为羽绒服需要送干洗，但是其实干洗剂会使羽毛上的油分消失，导致羽绒服不再松松软软。自己在家清洗不但能节省费用，还能保持羽绒服的松软度。

羽绒服洗涤法

1 把羽绒服的拉链拉上，纽扣扣上；若有皮草，则先将皮草取下。

2 手腕与领口部分先以洗衣液清洁并去除污渍；接着，放入洗衣机依照一般洗衣模式清洗。为了去除污渍，建议用40℃的温水，并且不要使用中性洗衣液，而改用普通洗衣液或者羽绒服专用洗衣液清洗。

3 把脱水后的羽绒服吊挂在衣架上，双手轻拍羽绒服，再挂在阳光下晾干。完全晾干后，再次以双手轻轻拍打羽绒服使空气进入，羽绒就能保持蓬松。

皮草洗涤法

温水中倒入中性洗衣液，将皮草轻轻按压泡在水中（非搓洗）即可去除污渍。接着，轻轻地将水拧干再晾干。为了恢复皮草纹路，以假发梳（或是宠物梳）轻轻地梳理毛皮，让其顺滑松软。贵重皮草请务必交给专业洗衣店清洗。

 # 清洗羽绒服 # 清洗皮草

拯救帽衫脱落的穿绳

节约度 ★ ★ ★
省时度 ★ ★
推荐度 ★ ★

💙 准备　吸管、订书机

　　洗完衣服后，发现洗衣机内竟然会有帽衫的棉绳。这时若想将棉绳再次穿进帽衫内，常因为棉绳材质太软，所以穿到一半就放弃了……只要有吸管，就能轻易将棉绳穿进帽衫中。

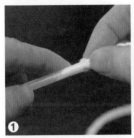 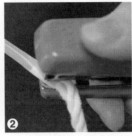 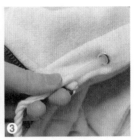

这样做

1 将棉绳穿入吸管内约 1 厘米。

2 用订书机固定棉绳与吸管。

3 将吸管穿入帽衫的洞中，慢慢地将吸管从另一边的洞口拉出来；接着，将钉书钉与吸管拿掉即可。

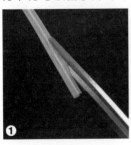  

在没有订书机的情况下

1 将吸管如第一张图所示剪开。

2 将剪开的吸管拉开后，塞进棉绳，让吸管包裹住棉绳。

3 将吸管穿入帽衫的洞中，慢慢地将吸管从另一边的洞口拉出来，过程中请注意不要让吸管与棉绳分离。

 # 巧用吸管

22 解决聚酯纤维材质 衣物上的毛球

节约度 ★ ★ ★
省时度 ★ ★
推荐度 ★ ★

 准备 假发梳（宠物梳）

聚酯纤维材质的披肩既轻又保暖，是冬天经常会穿的衣物，但若经常洗涤很容易起球，穿出门会不雅观。试着将毛球清理掉，把它变成一件新披肩吧！

处理前

处理后

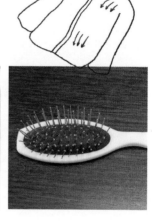

这样做

将披肩摊平在平坦处，以假发梳（宠物梳）顺着同一方向梳理。梳理时，不要一次梳太大面积，而是一小块一小块地慢慢梳。

 # 起球的衣服变新

23 # 毛绒玩具免水清洁法

💙 **准备** 小苏打、塑料袋（能够放进玩具的大小）、吸尘器

　　棉絮填充的毛绒玩具若用水清洗很难完全干燥，棉絮也容易塌坏。若用水洗，会因为担心小孩吵着要玩具，无法跟小孩说"玩具坏掉了"，也不敢轻易将玩具丢弃；但若不清洗，又担心不卫生。这时，请改用小苏打清洁毛绒玩具吧。

这样做

1 将毛绒玩具装入塑料袋中，撒上小苏打。小苏打有清除表面细菌的功用。

2 将塑料袋打结绑紧，用力摇晃塑料袋，让小苏打均匀沾附在玩具表面；接着，放置约 15 分钟。

3 将毛绒玩具取出，用吸尘器将表面的小苏打吸干净。

 **# 干洗玩具 # 巧用小苏打**

159

24 下雨天也不会滑的鞋子

节约度 ★ ★ ★
省时度 ★ ★
推荐度 ★ ★

💜 准备　弹性织物创可贴

　　以前每到下雨天，很容易在街上跌成"大"字形，然后马上以光速爬起来，装作没事似的酷酷地赶快离开事发现场。那时的记忆实在又痛又囧，以至于现在每当遇到雨天，总是小心，再小心。

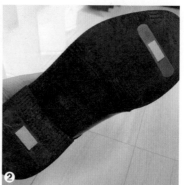

这样做

1　用干抹布将鞋底擦干净。

2　在鞋底大面积接触地面的部分贴上创可贴。创可贴可以让鞋底与地面接触的地方因为水紧密贴合。建议使用弹性织物材质的创可贴，这样才具有防滑效果。

巧用创可贴 # 鞋子防滑

25 # 去除鞋子的异味

💛 准备　柠檬汁、水

　　脚会出汗，密闭的鞋子内也自然会有异味。若将产生异味的鞋子放置不理，异味就会越来越重。请试着努力消除异味吧。

以柠檬汁消除异味

柠檬去除异味的效果与其抗菌的效果一样卓越。虽然也可以使用食醋，但是食醋本身特有的味道实在太过强烈，所以去除鞋子异味时，还是选择柠檬汁较佳。将 1 大勺柠檬汁与350毫升的水混合均匀后，倒入喷雾器中，往鞋中喷洒后放置约 1 分钟。接着，用扇子扇风，让鞋内保持通风。

在太阳下晾晒消除异味

将鞋垫取出，与鞋子一起放置在阳光下晾晒，不仅能消除异味，还具有杀菌效果。去除异味最好的方法是将鞋子清洗后，放置在阳光下晾晒。但若常常清洗实在麻烦，时常将鞋子放到阳光下晾晒即可。家人的鞋子也可以一并放置在阴凉通风处。

 # 消除鞋子异味 # 巧用柠檬

26 清洁凉鞋上的脚印污渍

♥ **准备** 厨房清洁剂

　　夏天时常穿的凉鞋容易因为皮脂而在鞋底产生黑色污渍。若是白色凉鞋或裸色凉鞋，污渍就会特别显眼。

这样做

1 厨房清洁剂与热水以 1：2 的比例混合均匀，再用毛巾蘸此洗剂擦拭。

2 用毛巾擦拭黑色脏污处；接着，用毛巾蘸热水将洗剂擦除；最后，务必将凉鞋放在通风处晾干，避免发霉。

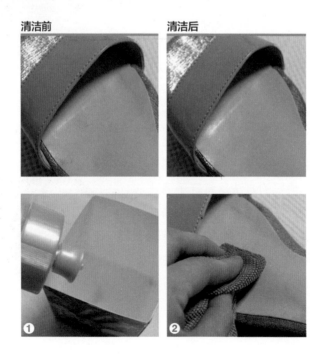

清洁前　　　　　清洁后

 # 去除凉鞋污渍 # 巧用厨房清洁剂

彻底清洁，告别脏袜底

💛 **准备** 肥皂、弱碱性厨房清洁剂、小苏打、彩漂液、牙刷

　　明明已经穿了运动鞋，为何袜子还是像直接踩在地面上一样脏？其实这就是鞋中的汗渍与各种灰尘长期累积下来所产生的污渍，用普通的清洁方法是无法清洁干净的。

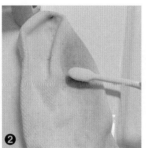
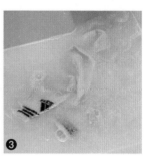

这样做

1 将肥皂直接抹在袜子上，能够将因灰尘产生的污渍去除。

2 弱碱性厨房清洁剂与小苏打以 1：1 的比例混合均匀后，倒在袜子上；接着以牙刷刷洗，再以温水冲洗。若使用酸性厨房清洁剂，因为会与弱碱性的小苏打中和，所以清洁效果会减弱，因此，请务必使用弱碱性的厨房清洁剂。

3 将彩漂液倒在 40℃的温水中，将袜子放入水中浸泡约 1 小时，再用清水清洗即可。

 # 巧用肥皂 # 巧用小苏打

28 # 不伤泳衣的洗涤法

♥ 准备　小苏打

　　泳衣穿过后该如何清洗呢？水里的脏东西很难用肉眼看见，若只是用清水清洗后晾晒，泳衣容易因为游泳池内的消毒剂而变色。新泳衣买来后因为变胖，4年里一次也没穿过，只能"封印"起来。若能减肥成功穿上泳衣，现在就先搞懂泳衣洗涤法吧！

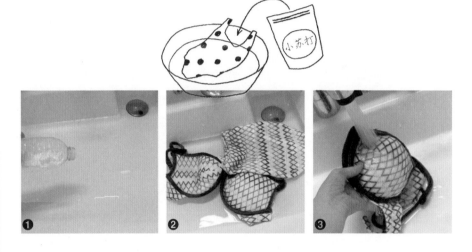

这样做

1 先将 1 大勺的小苏打倒入 1 升的水中。

2 将泳衣放入溶化了小苏打的水中浸泡 2—3 小时。碱性的小苏打可以中和游泳池中的消毒剂，泳衣上残留的消毒剂就可以去除干净。

3 接着，以清水冲洗泳衣数次，放在阴凉通风处晾干即可。

 # 巧用小苏打 # 清洁泳衣

29 # 简易不累的套棉被法

节约度 ★ ★ ★
省时度 ★ ★ ★
推荐度 ★ ★

　　虽然棉被每年只会清洗约 2 次，但是棉被套则会时常清洗。清洗的工作能够交给洗衣机，真正的难题是清洗后套上棉被套。现在就教大家轻松套好棉被套的秘诀。若只是看文字说明或许会觉得困难，但只要跟着一起做，就会发现这方法竟如此简单轻松。

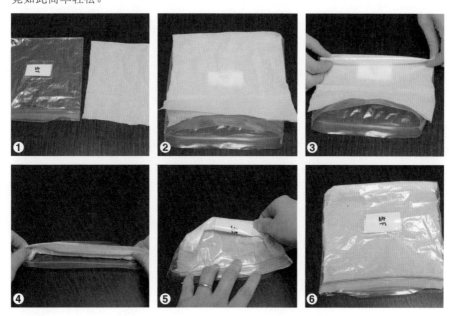

这样做

1　为了方便演示，我将自封袋当作被套，餐巾纸当作棉被。

2　将被套的内面往外翻，棉被摊开平铺在被套上。若有固定的绳子，请捆绑起来。

3　棉被与被套一起往被套开口处卷起来。

4　卷到拉链处，抓住拉链部分，将卷起来的被套与棉被一起包裹住，由内往外翻。

5　卷起来的部分再翻开摊平。

6　这时候，就会发现棉被已经套入被套内了。

套被套 # 被套由内往外卷

四

收纳
与创意手工

5 招收纳换季衣物

放置防虫剂

换季衣物若直接放置在收纳箱中，对蛀虫而言，简直就是"无限制供应的自助餐"！再加上蛀虫繁殖力强，请务必在收纳箱中放置衣物专用的防虫剂。由于药剂挥发出来的气体比空气重，会往下沉，因此将防虫剂放在上方的效果较佳；而防虫剂上方则需清空，不要再放置其他衣物。另外，也不要将不同种类的防虫剂混合放置，尽可能放置同一种类的防虫剂。放置时，尽量将防虫剂分散开来放，以确保有足够的空间；同时要遵循一个收纳箱内收纳的衣服需适量的原则。

贴上标签

将上衣、下装、内衣等分开收纳。若家庭人口数较多，建议将写有人名的标签贴上，以便在天气突然变化或换季时，快速且方便地寻找到需要的衣物。

收纳箱置于高处

4—6 个月内都不会穿到的季节性衣物，若放置在衣橱下方会十分占空间。因此，请将收纳箱往上方空间放置。若是可以，尽可能将收纳箱放在即便手举高，也不容易碰触到的位置。

去掉洗衣店附赠的塑料袋

冬天的外套送干洗后，许多人会直接将洗衣店给的塑料袋连同外套一起收纳，这样做其实很容易造成衣物发霉。请先将塑料袋拿掉，让外套通风后，再挂进衣橱里收纳。若不想让外套沾上灰尘，请改用无纺布衣罩来罩外套，里面再放置除湿剂一并挂起来。

整理抽屉

将衣物放在抽屉内时，通常是将衣物折好一件一件地往上叠放，但采用这种整理方式，往往只能看到并确认最上层放了什么衣物。若想要确认下方有什么衣物，就必须掀开上方的衣物，整理好的衣物便乱掉了。这时，若将衣物立起来收纳，不仅能一眼确认衣物，拿取时也不会弄乱。先确认好抽屉的高度，将衣物以符合该高度的方式折叠后，再直立收纳于抽屉中。

\# 衣物整理 \# 收纳箱 \# 衣物防虫剂 \# 抽屉整理

收纳水槽与橱柜下方

虽然想要放在水槽与橱柜下方收纳柜的东西有很多，但是由于还有水管或其他大型装置在内，收纳空间实在难以整理，只好胆战心惊地将物品一层一层地叠放上去，若想要拿取某件物品，一不小心，所有东西都会倒塌。然而，只要换个方法收纳，就会发现多出了许多空间，甚至还可以再多收纳其他物品呢！

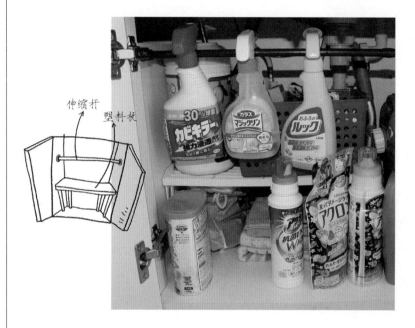

伸缩杆
塑料板

这样做

把经常会用到的洗衣液往前放置，以方便拿取。再购买一个塑料板，将偶尔会用到的清洁用具或备用的抹布、擦地布放在上面。这样做的话，柜子就会有 2 个收纳层，尽量将高度相同的物品收纳在一起，空间使用效率会更高。接着，将小型伸缩杆卡在收纳柜里的上方位置，将喷雾罐装型的清洁剂挂在伸缩杆上收纳，拿取时不仅方便，下方还会多出空间来收纳其他物品。这个收纳方法同样适用于卫生间洗脸台下方的柜子。

\# 水槽下方收纳 \# 橱柜下方收纳 \# 巧用塑料板 \# 巧用伸缩杆

3 抽出中间层来也不会
乱的棉被整理法

节约度 ★
省时度 ★
推荐度 ★ ★ ★

💜 准备　洗衣店塑料袋、大型塑料封套

　　不同季节所使用的棉被厚薄有所不同，家中还会有给客人备用的棉被，这些棉被平常收纳在棉被柜里，若是抽取中间的棉被，下层的棉被常常也跟着一起掉出来，然后只好将掉出来的棉被再往里堆，最后形成恶性循环。以下是将中间的棉被抽出来也不会散乱成一团的棉被整理法，大家不妨照着试试看。

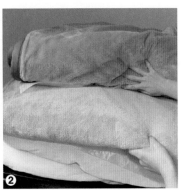

这样做

1 棉被折叠好后，上方铺上一层塑料袋（可用洗衣店附赠的塑料袋）；接着，再将另一条棉被往上放。

2 要抽出棉被时，一手轻轻地压住上方的棉被，一手将想要的棉被抽出来。塑料袋能够防止上方与下方的棉被跟着一起移动，层层叠放的棉被就不会掉出来了。

 # 棉被柜整理 # 巧用洗衣店塑料袋

减少衣服体积

出发旅行时，一般行李都不太多，但回程时，大家往往会购买当地的特产与食材，导致行李箱空间急剧缩水。此时，若将衣物卷成长卷，就能多出许多空间。请将衣服统统卷起来收纳吧！卷起来的衣服高度只要和行李箱深度差不多就可以。就算衣服稍微超出行李箱的高度也无妨，只要行李箱可以合上就没问题，因此，测量的高度有些微误差也没关系。

携带按压式容器防漏的方法

单单为了旅行而购买旅行装清洁用品实在有点浪费，可以直接携带平时家里使用的清洁用品。但若只是将清洁用品装入塑料袋中，很容易发生漏洒的情况。这时，可以先在按压式容器的颈部夹上晾衣夹，再放入塑料袋收纳起来，就不会有液体漏洒出来的惨剧发生了。

用自封袋收纳插头、电线

耳机、各类电子产品的充电器或插头等，都可以放入自封袋内收纳。不用担心因为与其他物品摩擦而坏掉，要寻找时也比较方便，因为自封袋是透明的，所以里面装有什么物品都一目了然。

整理前

整理后

行李箱收纳 # 衣服收纳 # 巧用自封袋 # 巧用晾衣夹

5 针织衣物不再下垂的衣架挂法

节约度 ★ ★ ★
省时度 ★
推荐度 ★ ★

将针织衣物或毛衣全部折好放进收纳衣柜或抽屉其实很占空间，但若改用衣架吊挂起来，衣服又容易拉长变形。衣架的形状还会导致衣服肩膀处凸出一个角，破坏整件衣物的穿着效果。

这样做

1 将针织衣物对折，让两边袖子重叠。

2 以腋下部分作为中心点，先将袖子挂在衣架一侧上，再将身体部分挂在衣架的另一侧上。

3 将针织衣物以这种方式挂在衣架上，不仅不会占据收纳柜的空间，针织衣物也不会因此下垂，肩膀处更不会产生凸出的一角。

吊挂针织衣物 # 拒绝领口拉长 # 拒绝肩膀凸出一角 # 衣架

毛巾架的 4 种使用方法

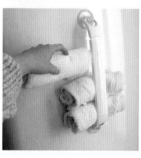

收纳毛巾

毛巾最好的收纳方式是随时都能利落地抽取出来使用，但事实却是毛巾收纳在何处都不太妥当。这时候不妨换个角度来收纳：只要在适当处将吸盘式毛巾架竖起来吸附在墙上，再将毛巾卷起来插进去就可以了。使用时从最下方开始，将毛巾抽出来，洗涤好的毛巾则放在最上方，毛巾会自然地向下位移，取用就十分方便。只要先确认毛巾卷起来的厚度再购买毛巾架，就不会发生难以将毛巾塞入毛巾架的状况了。

收纳砧板

请巧用厨房收纳柜顶部的隐藏空间。将毛巾架装在收纳柜的顶部，把砧板以躺放式置入毛巾架中。为了能够安全地支撑砧板重量，请勿选择吸附式毛巾架，选择以钉子来固定的毛巾架较为妥当。

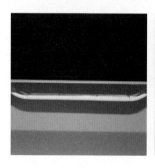

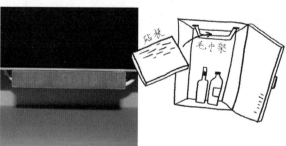

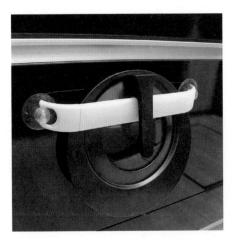

收纳锅盖

将高压锅盖等厚锅盖集中收纳在一起，是十分占据空间且令人伤脑筋的事。此时，只需在厨房水槽的门板内或外，安上毛巾架，将锅盖把手挂在毛巾架上即可！毛巾架的长度越长，可以收纳的锅盖数量就越多。锅盖较重时，请勿选择吸附式的毛巾架，应选用以钉子来固定的毛巾架。

收纳室内拖鞋

家中的室内拖鞋若很多，可以在鞋柜的内部或外部吸附上毛巾架，这样就能够将室内拖鞋挂在毛巾架上了。建议大家将拖鞋收纳在鞋柜内部，再将鞋柜门关闭，整体会更为美观整洁。

\# 巧用毛巾架 \# 毛巾收纳 \# 锅盖收纳 \# 室内拖鞋收纳

7 用纸质购物袋整理冰箱蔬果室

♥ 准备　纸质购物袋

　　利用纸质购物袋整理冰箱蔬果室，不仅能消除蔬果的湿气，还能防止泥土弄脏冰箱。

纸袋

纸袋

这样做

将蔬菜或水果存放在蔬果冷藏室时，不要只是放进去，而是依类别分别放入纸质购物袋中，再存放。如此一来，不同的蔬果就不会混在一起了。纸质购物袋能消除湿气，减缓蔬果腐烂的速度。另外，即便蔬果上的泥土掉落下来，也只是落在纸袋中，不会弄脏蔬果室底部。当蔬果吃完时，只要将纸袋丢掉即可，清理蔬果室也变得非常简单。

冰箱整理 # 冰箱蔬果室 # 巧用购物纸袋

8 # 用餐巾纸盒收纳塑料袋

💜 准备　用完的餐巾纸盒

　　很多人的家中都会囤积一些塑料袋，但若只是随便塞进厨房的抽屉里，塑料袋就会"无法无天"地占据整个空间。即使整理后再放入抽屉，当拿一个塑料袋出来用时，其他塑料袋不免也会跟着一起掉出来。塑料袋收纳真的很烦人啊！这时，若利用餐巾纸盒，在狭窄的空间里就能放入多个塑料袋，使用时，也可以很方便地一个个抽取出来。

这样做

1 塑料袋摊平后，抓住长边卷成长条状。

2 在第一个塑料袋的提手部位穿过第二个塑料袋后，将第一个塑料袋对折。

3 依照上面的步骤重复，直到穿好所有的塑料袋为止。

4 将穿好的塑料袋全都塞入用完的餐巾纸盒，最上方的塑料袋提手部分露出在纸盒外，使用时，就能像抽取餐巾纸一样方便。

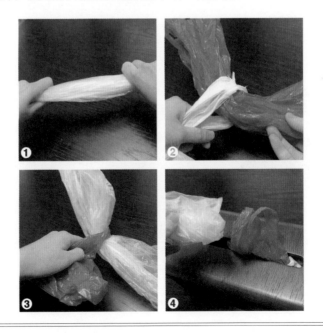

塑料袋收纳 # 巧用餐巾纸盒

厨房各项收纳一次搞定

节约度 ★
省时度 ★
推荐度 ★ ★

主妇们待在厨房的时间很长，对于厨房中的执着点应该也不少吧。我以前会将各种物品摆放在外，以方便拿取的方式收纳，但清扫起来总是觉得十分麻烦，现在则改为大部分都收纳在橱柜中了，厨房收纳的目标变成了整洁与便利。

水槽周边收纳

水槽收纳柜请以收纳切洗食材的碗盘、菜刀、砧板等为主。如此一来，与水相关的工作就都能在水槽附近完成，既能省时，清洁工作也能简单完成。若还有多余空间，预备用的厨房洗剂、海绵、抹布等也可以收纳在此处。收纳碗盘时，将相同大小的碗盘层层相叠，不仅可以节省空间，寻找时也很方便。

燃气灶周边收纳

燃气灶周边请收纳与料理相关的各类锅具、调味料等。平底锅深度较浅但面积大，收纳时若直接平放将会占据不少空间；若往上叠放，最多也只能收纳3—4个平底锅，拿取时也不太方便。这时候，利用塑料书架将平底锅直立收纳，空间活用度会更高，拿取也更便利。

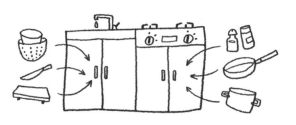

调味料贴上标签

请以符合收纳柜形状的方式，将调味料如同俄罗斯方块般排排收纳。将调味料依种类分别在瓶盖上贴上标签，日后使用起来就很方便。更精细的主妇还可以一次性购买规格统一的调料瓶，这样会让厨房抽屉拉开也十分整洁。

食物柜收纳

我平时就有囤积调味料的习惯。虽然食材柜里有现成的分层空间，但是我仍会将每层空间再分类，以收纳各种食材。建议最好不要将食材直接放在隔板上，而是另外准备塑料收纳盒，依类别将食材放入不同的塑料收纳盒。以这种方式收纳，可以一眼就看到想要的食材，外观也会更整洁美观。

厨房收纳 # 巧用塑料书架 # 巧用塑料收纳盒

10 水瓶收纳平底鞋

节约度 ★ ★ ★
省时度 ★ ★ ★
推荐度 ★ ★ ★

♥ 准备　塑料水瓶

　　鞋柜不管怎么整理，都很容易一下子就被塞满了。相比高跟鞋，我的鞋柜中平底鞋数量更多。但鞋柜间隔又是固定的，空间往往浪费了。这个困扰在收纳室内拖鞋时同样存在，所以我一定要介绍给各位超实用的鞋子收纳法。

这样做

将 2 升容量的塑料矿泉水瓶或其他塑料饮料瓶对半裁切，将一双平底鞋直立塞入其中收纳。用这种方式收纳，能够将原本只能收纳 2 双平底鞋的空间，变为可以收纳 5 双平底鞋。这种方式同样适合收纳拖鞋。

整理前

整理后

平底鞋收纳 # 巧用塑料水瓶 # 鞋柜整理

11 # 简单修补地毯破洞

♥ **准备**　刮胡刀、胶水（可用于纤维材质的产品）

　　烟灰若掉落在地毯上，可能会烧出破洞。虽然影响美观，但是若直接丢弃一大块地毯不免可惜，可若继续使用又显得寒酸。这时，不妨利用简单的方法，让破洞不再碍眼。此方法只适用于短毛地毯，不是一定能完全修复。若是昂贵的地毯，建议还是委托给专业的公司修补。

修补前

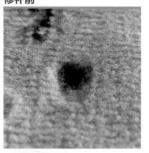

修补后

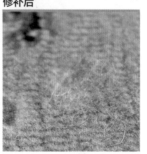

这样做

1　将破洞周围的毛用刮胡刀刮掉。

2　将可用于纤维的胶水倒入破洞中。

3　将刮下来的毛塞入洞中。

4　以毛填补破洞，将毛尽可能地摊平。

5　最后用手指轻轻拍打地毯，让毛分布均匀。

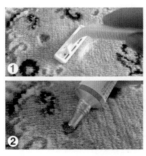

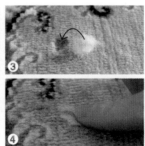

\# **地毯** \# **修补地毯上的烟灰洞**

12 # 修复地毯上的压痕

♥ 准备 熨斗、吸尘器

家具长时间放在地毯上，之后若移动家具位置，会发现地毯上留有痕迹。这时，可以使用熨斗与吸尘器去除地毯的压痕，让地毯"复活"。

修复前

修复后

这样做

1 手拿熨斗在距离地毯 5 厘米的高度，以蒸汽加热地毯绒毛。

2 3 分钟后，将吸尘器开到最大，在压痕处静置 2 分钟。

3 热热的蒸汽再加上吸尘器强力的吸入风，对地毯而言"应该很辛苦吧"？
请怀着这样的心意，轻轻抚摸地毯压痕处，崭新的地毯就这样制作完成了！

\# 修复地毯压痕 \# 熨斗 \# 吸尘器

13

把塑料袋改造成
包快递用的泡泡垫

节约度 ★ ★ ★
省时度 ★ ★
推荐度 ★ ★

♥ 准备　塑料袋

　　现代社会若没有快递，还真是麻烦啊。一般而言，在运送化妆品这类易碎产品时，都会先以泡泡垫（气泡膜）包起来再寄出，但偶尔也会发生一时找不到泡泡垫的情况。这时，不妨利用塑料袋来做缓冲材料。

这样做

1 在向塑料袋吹入些许空气后，将开口打结绑紧。塑料袋内的空气若太饱满，会过分占据纸箱空间，物品就放不下了。

2 将装有空气的塑料袋放入纸箱，再放入要寄送的物品。以物品在纸箱内不会移动为前提，塞满塑料袋。

3 最后，在纸箱外写上"小心轻放！"与快递信息后，即可寄送。

 # 快递包装 # 巧用塑料袋

14 # 过期香水变熏香精油

💛 **准备**　香水瓶、木签、无水酒精

　　以我自己为例，买一瓶香水，通常需要三四年才会用完，但问题是，三四年的时间还没到就已经厌倦了它的味道。丢掉还没用完的香水再买瓶新的，内心不免觉得愧疚。此时，可以利用香水制作只要一点点就能发挥极大效果的熏香精油，为家里带来令人愉悦的芳香。

　　需要注意的是无水酒精具有可燃性，制作时需要小心。

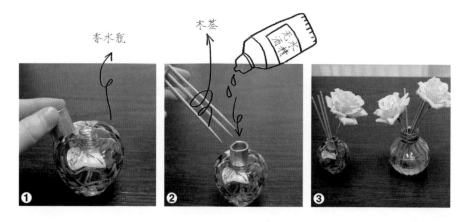

香水瓶

木签

无水酒精

这样做

1 将香水瓶与喷雾器嘴分离。若锁得很紧不容易开启，可以请老公或力气较大的人帮忙打开。

2 将无水酒精倒入香水瓶中，倒入量是香水的 2—3 倍；接着，插入木签。注意！必须使用无水酒精才不易发霉。

3 若想要更华丽一点，可购买人造花木签插入瓶中。木签的数量会影响香气的浓烈度，若是放在宽敞的房间，所需的木签数量会比放在玄关处多。

 # 熏香精油 # 巧用闲置的香水

制作天然防虫剂

节约度 ★
省时度 ★
推荐度 ★ ★

♥ 准备　喷雾器、纯水、酒精、薄荷精油

　　我向来对于家中的整洁度十分有自信，然而，在梅雨季节的某天，看到黑色蟑螂的那一瞬间，我所有的信心全盘瓦解。就像做噩梦般感受到极大的压力，我开始疯狂搜寻消灭蟑螂的各种方法。后来，我发现了一种利用天然成分就能消灭蟑螂的方法，于是马上试用。15 天后，连蟑螂的影子都看不到了！但若是蟑螂在很久以前就已经潜入家中筑巢一起生活了，这个方法可能没有效果。另外，除了消灭蟑螂，这个方法对于消灭蚊子也有效。

这样做

★ 首先，将薄荷精油（也可以便用薰衣卓、柑橘、香茅等精油）20 滴与酒精（无水酒精或药用酒精）10 毫升一起放入喷雾器，再加入纯水 90 毫升。必须先将薄荷精油与酒精混合均匀后，再加入水，如此一来，水与精油才不会分离。聚苯乙烯材质有可能因为薄荷精油而分解，所以建议使用聚丙烯、聚乙烯或玻璃等材质的深色瓶子。喷雾器上通常会标记属于哪种材质。

★ 蟑螂爱在花盆、下水道等潮湿的地方产卵，这些地方要多喷些防虫剂才行。梅雨季或夏天时，建议每周喷洒 2—3 次；冬天时，偶尔喷洒即可。

防虫剂 # 薄荷精油

16 简单分装酱料的 2 种方法

节约度 ★ ★ ★
省时度 ★ ★
推荐度 ★ ★

💜 准备　保鲜膜、一次性塑料袋、牙签

　　无论是在家中吃饭还是准备便当时，若将酱料直接倒在饭菜上面，容易产生水汽而影响口感。超市中虽然有卖独立包装的酱料，但是和一整瓶相比，价格高了不少。不妨试试用保鲜膜和一次性塑料袋来分装酱料。

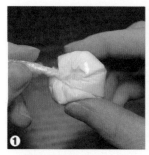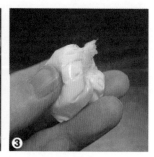

使用保鲜膜

1 在保鲜膜上放较浓稠的酱料，包裹好后，不停缠绕保鲜膜尾端。

2 用剪刀将保鲜膜尾端剪掉，留下缠绕的结，往中心下压。

3 利用压力将尾端固定后，在使用之前，请不要解开。

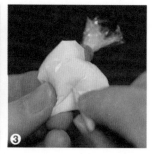

使用一次性塑料袋

1 将浓稠的酱料装入袋子中，开口用橡皮筋绑紧。

2 把牙签插入橡皮筋之间，防止酱料渗出。

3 在吃之前，用牙签戳一个小洞，就可以将酱料挤出来。

\# 酱料包装

17 # 咖啡滤纸变身加湿器

💙 准备　咖啡滤纸、橡皮筋、塑料水瓶

　　天气干燥时，虽然可以使用加湿器，但是由于保养清洁不便，若内部发霉反而会影响健康。虽然也有将湿毛巾放入加湿器的辅助方法，但是每次放入后还得收拾，就会很麻烦。现在，只要利用咖啡滤纸就能做出加湿器。咖啡滤纸价格便宜，就算旧了再换新的，也不会觉得心疼。

这样做

1　准备 6 张咖啡滤纸。

2　先将 2 张咖啡滤纸重叠对折 4 次，在边缘剪出弧形。余下的 4 张重复此动作。

3　将咖啡滤纸摊开，抓住未修剪的一端。6 张咖啡滤纸都这样操作，然后合到一起。

4　用橡皮筋将未修剪的一端绑紧，就会形成如花朵般的模样。

5　塑料水瓶底部留约 5 厘米后，其他部分裁切掉，装入水，再放入咖啡滤纸花。

6　不用 5 分钟，咖啡滤纸就会吸满水，滤纸也能维持美丽的花朵模样而不会下垂。花瓣越丰满，吸水速度越快，蒸发速度也会越快。不妨依据房间大小，调节花瓣数量。

 # 咖啡滤纸 # 加湿器 # 巧用塑料水瓶

18 自制双重透气通风衣架

节约度 ★ ★ ★
省时度 ★ ★ ★
推荐度 ★ ★

❤ **准备** 铁丝衣架、透明胶带

用衣架晾晒衣服时，衣服若紧密地贴在一起，空气不易流通，衣服不仅不容易晾干，还容易产生霉味。尤其到了冬天晾厚重衣物时，更令人苦恼！若希望衣服干得快并且带有香气，请将衣服挂在空气流通性佳的衣架上。

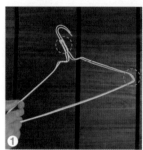
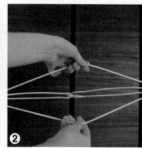

这样做

1 将 2 个衣架重叠，将图中圆圈部分用透明胶带缠绕粘住。

2 像拉弓般将衣架下方拉开。

3 再晾晒衣服时，由于衣架下方开阔，因此空气就能畅行无阻了。

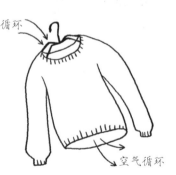

衣架 # 晾干衣服 # 防止产生霉味

19 用塑料瓶做牙刷架

节约度 ★ ★ ★
省时度 ★ ★
推荐度 ★ ★ ★

💛 **准备** 塑料瓶（底部凹凸不平的）

牙刷若无法安稳地固定住，很容易和其他牙刷碰到或掉落。相信谁都难以接受使用与其他人的牙刷"接吻"过的牙刷吧！牙刷架在使用一段时间后，底部容易产生水垢。利用塑料瓶来充当牙刷架，可以不时更换，一直维持清洁的状态。

这样做

1 准备 2 个塑料瓶，一个底部留 2—3 厘米，其余切除；另一个则留约 10 厘米的高度。

2 在高度较低的塑料瓶底部，挖出与牙刷数量相等的小洞。洞的大小比牙刷柄直径稍大，边缘锐利的部分全部去除，以不割伤手为前提。

3 将高度较低的塑料瓶放入高度较高的塑料瓶内，即完成。若是担心塑料瓶切割部位会割伤手指，可以使用透明胶带缠上一圈。

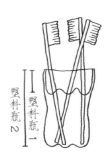

塑料瓶 2　　塑料瓶 1

\# 巧用塑料瓶 \# 自制牙刷架

五
旧物改造

用鸡蛋包装盒种植物

❤ 准备　鸡蛋包装盒

　　虽然鸡蛋包装盒有各种二次利用的方法，但是你一定没有想到，利用鸡蛋包装盒还可以打造出如塑料温室般的环境。对于每次种植物都以失败收场的我而言，这次植物发芽可是顺利成功。

这样做

在原本要丢弃的塑料鸡蛋盒的格子中装入泥土，并放入想要栽培的植物种子，每格放 1 颗，浇水后将盒子盖起来。这期间可透过透明的外盒了解种子的生长状况，等到了必须"分家"的阶段，再移植到大花盆中。

巧用鸡蛋包装盒 # 迷你花盆

2　橘子皮的 5 种应用法

节约度 ★ ★ ★
省时度 ★ ★
推荐度 ★ ★ ★

❤ 准备　**橘子皮（或柠檬蒂头）**

　　每到冬天，橘子控如我，约莫每周要买 1 箱橘子，因此，家中的橘子皮堆积如山。可别直接就丢弃这些橘子皮，一定要再利用。偶尔我也会将买来的柠檬的蒂头切下来保存，因为这么好用的东西，丢掉太可惜啦！

橘子皮去除油污

橘子皮含有柠檬烯成分，可分解油污。将橘子皮放入水中煮沸再放凉，再用橘子皮水擦拭厨房墙壁或燃气灶，就能将油污擦干净。油腻的碗盘也可以用橘子皮的白色部分——橘络擦拭，会肉眼可见地发现油污被清洗干净了。

橘子皮去除茶渍

橘子皮含有柠檬酸成分，对于去除碱性污渍的效果极佳。对于残留在杯内的咖啡渍或茶渍，不妨先在橘子皮内部抹上一点盐，再擦拭，效果很好。

橘子皮（或柠檬蒂头）清洁微波炉

在耐热容器中加入水与橘子皮（或柠檬蒂头）放入微波炉加热，含有柠檬烯成分的蒸汽会在微波炉内扩散，这时再擦拭，油污就能轻易被擦掉，甚至连微波炉内的异味也能一并消除。

橘子皮（或柠檬蒂头）清洁水槽

用橘子皮（或柠檬蒂头）擦拭水槽，柠檬酸成分可以去除碱性的水渍，柠檬烯成分可以去除油污，是一举两得的好方法。

橘子皮（或柠檬蒂头）可防止海鲜粘在烧烤架上

拿橘子皮（或柠檬蒂头）擦拭海鲜表面，再放到烤架上烤。柠檬酸与动物性蛋白质会发生反应，让海鲜表面变结实，肉就不容易粘在烤架上了。

\# 巧用橘子皮和柠檬蒂头 \# 去除油污

3　洗米水的 5 种妙用

节约度 ★ ★ ★
省时度 ★ ★
推荐度 ★ ★ ★

　　每次煮饭剩下的洗米水绝对不要丢弃，因为它有各种妙用。洗米水中含有维生素、矿物质等成分，若倒掉，等于直接将营养丢弃，十分可惜。

炖汤

炖汤时加入洗米水，可去除食材的苦涩味。由于洗米水中含有淀粉，因此煮出来的汤会更加浓稠。

因为第一次洗米的水中含有杂质，所以请使用第二次洗米的水。

洗碗

米中的淀粉能去除油污，改用洗米水洗碗，就能少用一点洗涤灵。建议使用第一次洗米的水来洗碗。

擦木地板

洗米水中所含的油分可让木地板更具光泽。用洗米水浸湿干抹布后，依照木地板的纹路擦拭木地板即可。

浇花

将洗米水倒入花盆中即可。洗米水中的营养成分丰富，很适合拿来做天然肥料。

洗脸

洗米水中富含维生素 B1、B2 和矿物质等，对肌肤有保湿的功效，对于镇静肌肤的效果也很卓越，爱长痘痘的肌肤也适用。将没有杂质的第二、三次洗米水收集后加入温水稀释，用手蘸洗米水轻拍脸部，再用清水洗干净即可。

巧用洗米水

4 过期牛奶的 3 种应用法

　　大家应该都曾有过买了一大瓶牛奶，却无法在保质期内喝完的情况吧。虽然超过一点保质期喝下肚，也不会有太大问题，但是心里总是不踏实。此时，千万不要将牛奶丢掉，只要依照下列方法将牛奶拿来使用即可。

洗脸

用加热后的牛奶在脸部做按摩，再以温水洗清脸部。因过期牛奶会产生一种酸性物质，具有去角质的功效，使肌肤变得光滑。但用此方法有可能导致痘痘的情况恶化，所以痘痘肌需小心使用。

清洁洗脸台

将牛奶倒在海绵上擦拭洗脸台，牛奶中富含的脂肪可溶解附着在洗脸台上的皮脂。但是，擦拭后一定要用清水再清洗一遍，避免细菌繁殖。

除螨

将牛奶装入喷雾器中，喷在欲除去尘螨之处，再在阳光下晒干。当牛奶被蒸发掉时，螨也会跟着窒息而死。接着，再擦拭干净即可。

巧用过期牛奶 # 洗脸 # 清洁 # 除螨

5 咖啡渣的 6 种妙用

节约度 ★ ★ ★
省时度 ★ ★
推荐度 ★ ★ ★

没有用过的咖啡渣丢弃实在可惜。虽然如此，但是若拿来继续冲饮又淡而无味。这时，不妨将咖啡渣用在其他地方。

制作除臭剂

将咖啡渣稍微沥干后装入碗盘中，可放置在洗手间或冰箱内。咖啡渣稍微保留些水分，除臭效果更佳。但若要将咖啡渣放在鞋柜等密闭空间时，就必须让咖啡渣完全干燥，才不会产生霉菌。

放入烟灰缸

将湿润的咖啡渣装在烟灰缸中，咖啡渣的水分可以熄灭烟蒂的火，并能够有效去除烟味。

制作除虫剂

将咖啡渣撒在庭院或花盆中，咖啡渣含有的酸性物质具有防虫效果。因为猫咪也不喜欢咖啡香，所以这样做还能够防止野猫进入庭院。

去油污

要清洗油炸后油腻的平底锅与碗盘时，请多利用咖啡渣吧。先将咖啡渣倒入油腻的碗中再用海绵刷洗，之后用洗涤灵清洗即可。只是要留意，咖啡渣不溶于水，千万不要将咖啡渣直接倒入排水孔中，以免堵塞。

当作肥料

咖啡渣之间有细小的缝隙，适合微生物生长；加上具有吸附味道的特性，与其他堆肥混合发酵后，很适合作为肥料。

制作磨砂膏

咖啡渣与橄榄油以 1：1 的比例混合后，就可以拿来当身体磨砂膏用。

巧用咖啡渣 # 除臭 # 除虫 # 去油污 # 肥料 # 磨砂膏

6 # 利用卫生纸卷筒收纳电线

节约度 ★ ★ ★
省时度 ★ ★
推荐度 ★ ★ ★

♥ 准备　卫生纸卷筒

　　电线放在一起就像人与人相处，时间一长，就会不自觉地缠绕在一起。若只是一两条电线互相缠绕，解开还算容易，但现在需要使用电线的产品实在太多，若是好几条电线缠在一起的话，想解开还真得花费不少时间。不妨利用卫生纸的卷筒分开收纳电线，除了方便找寻，看起来也更整齐利落。

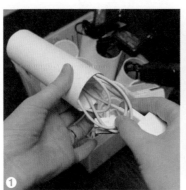

这样做

1 将每一条电线分别放入卫生纸卷筒内收纳。

2 再将放置电线的卫生纸卷筒集中收纳。将卷筒以直立的方式摆放，不仅整齐，也方便寻找，还能防止互相缠绕。也可以在卷筒上标记电线名称，寻找时也会更加快速。

巧用卫生纸卷筒 # 电线整理

7 让电量耗尽的干电池"复活"

自己一个人躺在沙发上看电视时，突然发现遥控器没电，无法换台，顿时感到万分绝望！尤其当家中也没有备用的新电池可更换时，只能手动按电视上面的按钮，简直就是噩梦一场。这时，别急着出门买新电池，有让"已死"电池暂时"复活"的妙招。

这样做

将干电池放在手心轻轻摩擦。因为摩擦生热，所以干电池内部也会开始发热而产生化学反应，自然就会再度发电。切记，绝对不能将电池放在火上加热，这样可是会造成火灾，酿成大祸的。因双手摩擦加热而重新发电的电池，可以使用在闹钟或用电量低的产品上。另外，也可以将干电池丢在地板上数次，让干电池因冲击而开始发电。但需注意若冲击力道太强，反而会使干电池损坏而无法使用。

★ 干电池丢弃时的注意事项

干电池不能随意丢弃，最好先以透明胶带将干电池的两端包裹住，避免万一干电池还留有余电而造成火灾。虽然我们只是丢弃一个干电池，但是垃圾桶和电池回收箱内却可能有无数个干电池，所以丢弃时一定要小心。一点小小的举手之劳，会有利于环境保护。

干电池分类回收

8 把卸甲水空瓶
当作酒精容器

节约度 ★ ★ ★
省时度 ★
推荐度 ★ ★

💗 准备　卸甲水空瓶、消毒用酒精

　　大家都使用过卸甲水吧？当卸甲水用完时，不要丢掉容器，将瓶子洗干净后以酒精消毒，就可以拿来装酒精了。将瓶子放在厨房，平时冰箱或餐桌需要消毒时，就能立即派上用场，不用满屋子找酒精了。

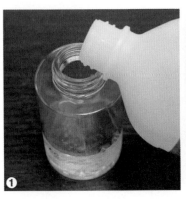 

这样做

1 将卸甲水瓶洗干净后晾干。倒入些许酒精，盖上瓶盖，稍微摇晃一下，再将酒精倒出。接着，就可以将酒精倒入消毒过的容器中了。

2 一手拿着卫生纸压瓶盖数下，让酒精浸湿卫生纸，就能擦拭餐桌或需要用酒精消毒的地方了。

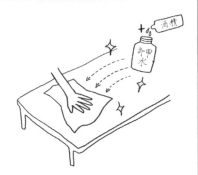

巧用卸甲水空瓶

9 拯救干掉的油性笔

节约度 ★ ★ ★
省时度 ★ ★
推荐度 ★ ★ ★

💗 准备　卸甲水

与水性笔不同,油性笔不易擦掉,常会用来在新课本或参考书上写名字。然而,经过了一学期,课本与油性笔被"封印"起来,新的学期到来,油性笔的墨汁虽然还在,却无法清楚地写出字来了。因为油性笔内除了墨汁以外,还有让墨汁溶化的溶剂,因溶剂会随着时间蒸发掉,所以即使笔内仍留有墨汁,也写不出字来了。此时,只要加入卸甲水,因为它具有与溶剂相似的成分,能够溶化墨汁,所以能让放置一段时间的油性笔"满血复活"。

这样做

★ 在油性笔盖内倒入 1—3 滴卸甲水。

★ 盖上笔盖,放置约 10 分钟。此时需注意不要让卸甲水流出来。

复原干掉的油性笔 # 巧用卸甲水

10 # 解救断水的圆珠笔

节约度 ★ ★ ★
省时度 ★ ★
推荐度 ★ ★ ★

❤ 准备　橡皮筋、透明胶带

　　圆珠笔写不出字了，一看笔芯发现，原来是跑进了空气，墨汁之间产生了距离。这时，只要一条橡皮筋就能将空气赶出来，让圆珠笔"复活"。

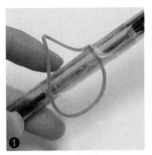 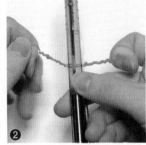 

这样做

1 用透明胶带将橡皮筋一端粘在圆珠笔中间。

2 双手分别抓着橡皮筋两端；接着，不停旋转圆珠笔，让橡皮筋越绕越紧。

3 拉紧橡皮筋两端，让圆珠笔旋转，这样圆珠笔就快速抖动起来了。重复此步骤，利用离心力的原理，圆珠笔芯上方的墨汁就会往下掉，并且挤出空气，圆珠笔就能再度使用了。

圆珠笔复原 # 巧用橡皮筋

11 利用蒸汽高温消毒
沙发与床垫

节约度 ★ ★ ★
省时度 ★
推荐度 ★ ★

💜 准备　熨斗

　　蒸汽吸尘器使用频率比想象中的低，体积大且占空间，收纳不便，我曾经购买过，但立马又退货了。但一想到床垫或沙发内滋生的尘螨，又会开始苦恼是否该购买蒸汽吸尘器。但当我知道这个方法之后，就再也没有困扰了。因为我们需要的其实是熨斗！

这样做

熨斗离沙发布约 3 厘米的距离，开始喷射热气。只要 65℃ 的温度就能够杀死尘螨。最后，再用吸尘器将尘螨的尸体与排泄物清除掉即可。

巧用熨斗 # 自制寝具消毒器

为塑料袋制作好用的瓶盖

节约度 ★ ★ ★
省时度 ★ ★
推荐度 ★ ★ ★

💚 准备　塑料水瓶、橡皮筋

　　从娘家寄来的韩国产芝麻与辣椒粉一袋袋地装满冰箱。然而，软绵绵的塑料袋没有支撑力，每次要将芝麻或辣椒粉往外倒时，总会掉出一些在地上。此时，不妨利用塑料水瓶做成塑料袋瓶盖，不仅使用起来轻松便利，也不需要再辛苦地将塑料袋打结了。

这样做

1 将塑料水瓶开口部分剪下来。

2 打开盖子，将塑料袋穿过瓶子。

3 让塑料袋高过瓶盖，往外翻折，套上橡皮筋将塑料袋固定。

4 最后，将塑料水瓶盖子盖上，即完成。芝麻或辣椒粉能通过塑料水瓶盖干净利落地倒出来，再也不会撒到地面，开关也方便。

巧用塑料水瓶 # 芝麻、辣椒粉保存秘诀

13 面包袋封口塑料片的 2 种妙用法

节约度 ★ ★ ★
省时度 ★ ★ ★
推荐度 ★ ★ ★

面包袋封口的塑料片不要随手丢弃，收集起来用处可多着呢。下面介绍 2 种我个人非常喜欢的使用方法。

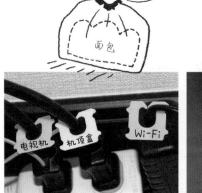

面包袋封口的塑料片

面包

电视机　机顶盒　Wi-Fi

这样做

★ 一整排的延长线插座上插了多条电线，只要在塑料片上标记电线名称，套在电线上，就能清楚明了每一条电线的用途了。如此一来，就能准确地关闭每一个插座电源。

★ 将吸管插入塑料瓶喝饮料时，万一吸管掉入瓶中，就必须将手指头伸进瓶内捞出吸管，大家都曾有过这种经历吧？其实只要在吸管上套入封口塑料片，就能防止吸管掉入瓶内。

面包袋封口塑料片 # 电线整理

14 # 利用纸质购物袋制作
可挂式餐巾纸盒

💗 准备　纸质购物袋、挂钩

　　逛街回家后通常就会把纸质购物袋丢弃了。这次就利用纸质购物袋做成不占桌面空间的餐巾纸盒，只要有挂钩，不论哪里都能够使用，超方便。

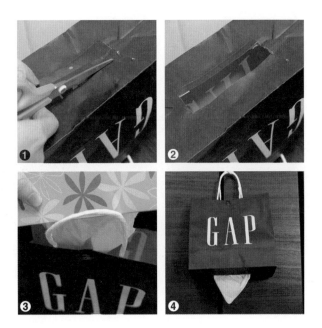

这样做

1 在纸质购物袋底部剪出一个可以拉出餐巾纸大小的洞口。

2 将餐巾纸盒倒着放入纸质购物袋内。

3 将餐巾纸从剪好的洞口抽出来即可。

4 用挂钩把纸袋挂在任何你需要使用抽纸的地方。这个方法最适合在厨房使用。

 # 巧用纸质购物袋

15 制作可重复使用的贴纸

节约度 ★ ★
省时度 ★ ★
推荐度 ★ ★

💜 **准备**　橡皮

　　装饰日记的贴纸或室内装潢用的壁纸，由于一旦贴上后，再撕下就很难重复使用了，因此必须一次贴好。而没有强粘贴力的便条纸，能重复粘贴，十分便利。其实，只要使用橡皮，就能让贴纸可重复使用。标签纸、透明胶带等具有强粘贴力的产品也适用此方法。

这样做

1 用没有使用过的橡皮尖角部分摩擦贴纸一两次。若使用已经磨平的橡皮摩擦贴纸，会产生大块的橡皮屑，导致贴纸完全失去粘贴力。

2 细小的橡皮屑不会影响贴纸的粘贴力。橡皮屑粘在贴纸上有缓冲的功能，让贴纸能够轻易地撕下来。虽然如此，但是若经常贴上、撕下，粘贴力会变弱；也有可能粘上一段时间后，就无法再撕下来了。

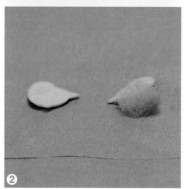

\# 制作可重复使用的贴纸 \# 巧用橡皮

16 **用塑料水瓶存放意大利面**

节约度 ★ ★ ★
省时度 ★ ★ ★
推荐度 ★ ★ ★

❤ 准备　塑料水瓶

　　清洗干净的塑料水瓶真的是用处超多的容器，这次要用它来保存意大利面。比起用塑料袋包装收纳，用塑料水瓶收纳不仅更卫生，而且将塑料水瓶直立在冰箱内也能节省空间。从塑料水瓶口倒出来的面条一次刚好是一人份（约 100 克）的量，真的十分方便。

这样做

1 将 1.5 升或 2 升容量的塑料水瓶洗干净，再以酒精消毒后完全晾干，将意大利面装在塑料水瓶内。

2 将装好意大利面的塑料水瓶放入冰箱冷藏室保存。

3 按照瓶口的大小来装，每次倒出的刚好是一人份的量，使用起来十分便利。

巧用塑料水瓶 # 不需再另外购买意大利面保存桶

207

用丝袜制作掸子

节约度 ★ ★ ★
省时度 ★ ★
推荐度 ★ ★ ★

💙 **准备** 丝袜、铁丝衣架、毛巾

　　丝袜是女性的必需品之一，由于材质薄并紧贴肌肤，所以只要指甲或手上的茧一刮，就很容易破裂。尤其是昂贵的丝袜若开线了，也不能再穿了，实在浪费。不妨利用丝袜的特性做成掸子，让丝袜可以再利用。由于尼龙材质的丝袜容易产生静电，因此具有吸附灰尘的效果。

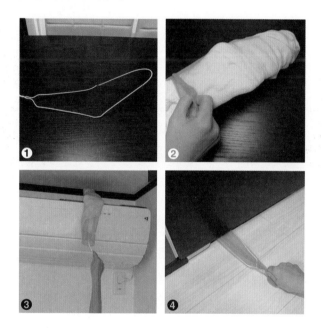

这样做

1 将铁丝衣架拉长成长条形。

2 用毛巾将衣架包裹住。毛巾具有缓冲功用，可以使掸子更容易去除灰尘。接着，将丝袜套在毛巾外，简易版掸子就完成了。

3 4 利用衣架轻易就能够弯曲的特性，能够擦拭手触碰不到的空调上方。夹缝狭窄的家具或冰箱之间，也可将毛巾拿掉，用衣架直接套上丝袜来擦拭。

＃巧用丝袜 ＃自制掸子

18 用丝袜清洁水龙头

节约度 ★ ★ ★
省时度 ★ ★ ★
推荐度 ★ ★ ★

♥ 准备 丝袜、小苏打

丝袜材质较薄，弹性佳，对于水龙头的狭窄处也能清洁干净。先用上一页中教大家自制的掸子将灰尘清除后，再用丝袜清洁水龙头。

这样做

1 在水龙头上倒上些许小苏打。

2 将丝袜浸湿后，双手抓着丝袜两端用力擦拭水龙头。

3 来来回回地擦拭水龙头，这样连狭窄的缝隙都能清洁干净了。

巧用小苏打 # 丝袜再利用 # 去除水龙头接缝处污渍

19 用牛奶盒制作一次性案板

节约度 ★ ★ ★
省时度 ★
推荐度 ★ ★ ★

💙 准备　牛奶盒

　　平时都是在案板上切肉或海鲜，但无论再怎么用力清洗，案板上都会留存些许味道。尤其是切泡菜时，不仅会让案板染色，味道也会残留下来，之后若再切水果时，水果吃起来也有泡菜味！因此，很多人会将不同用途的案板分开来使用，但总是让人觉得有点麻烦。这时，最有效的方法就是利用牛奶盒了。

这样做

1　将大包装的牛奶盒清洗干净并晾干后，剪开摊平，并且将底部剪下来。将开口部分也剪下来，将牛奶盒剪成一个四方形，那么就算一次保存多个，收纳起来也不会杂乱。

2　要切肉或泡菜等味道较重的食材时，就能够放在牛奶盒上，用完即丢，再也不用担心味道会残留了。

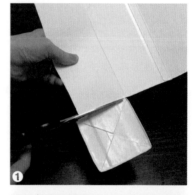

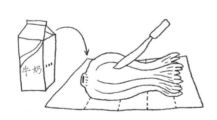

#**巧用牛奶盒** #**一次性案板**

用衣架制作书架

💙 准备　铁丝衣架

　　一边看着食谱一边做饭时，翻开的食谱很容易自动合起来，要知道下一个步骤又得再将书翻开，实在麻烦。这时候可以用铁丝衣架自制一个书架。这个方法也适合伏案工作的人使用。

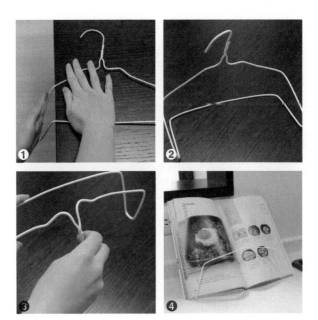

这样做

1 将衣架两端约 15 厘米处折成直角。若直接用手折，不容易平整地弯曲，可以借助箱子或家具。

2 折好后调整角度，直到衣架可以立在桌面上。

3 将挂钩往下折。

4 把书本打开放在衣架上就可以了。

巧用铁丝衣架 # 自制书架

用衣架自制香蕉挂架

节约度 ★ ★ ★
省时度 ★ ★
推荐度 ★ ★ ★

♥ 准备　铁丝衣架

为了储存香蕉而专门购买香蕉挂架似乎有点小题大做。然而，若将香蕉整串平躺放着，下方压着的部分很快就变黑了。

现在就介绍可以快速制作的简易香蕉挂架，简单快速到买完香蕉后再制作都来得及。

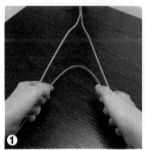

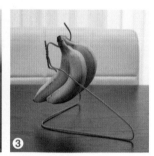

这样做

1 以衣架挂钩为中心，双手抓住衣架两端向内折，使衣架弯曲。

2 再将衣架挂钩往衣架内侧弯曲。

3 将香蕉挂在弯曲的衣架挂钩上即可。

 # 用处多多的铁丝衣架 # 香蕉不变黑的方法

22 用易拉罐拉环
自制多功能衣架

💛 准备　易拉罐拉环

　　衣橱的空间有限，但对衣服的欲望却无限。因此，衣柜很容易就爆满。舍不得将衣服丢弃，偏偏衣柜又没地方再挂，这时只要利用易拉罐拉环，就能自制上下都能挂衣服的多功能衣架了，正确使用能让衣柜空间得到充分利用。

这样做

将衣架挂钩穿过易拉罐拉环的一个小洞，另一个洞则穿过另一个衣架挂钩。衣架挂钩若太粗，有可能穿不过易拉罐拉环的洞，因此，必须先确认衣架挂钩的粗细。

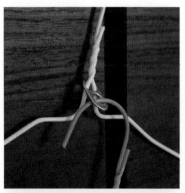

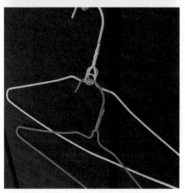

巧用易拉罐拉环 # 不需要再购买多功能衣架

213

六
美容

解救变干变硬的睫毛膏

节约度 ★ ★ ★
省时度 ★ ★ ★
推荐度 ★ ★ ★

💜 准备　眼药水

　　睫毛膏打开的时间一长，与空气接触时间久了，就容易变干变硬。这时，只要几滴眼药水，就能让睫毛膏"复活"，好像全新的一般。

复原前　　　　　　复原后

这样做

滴入 3—4 滴眼药水后，用睫毛刷来来回回在睫毛膏瓶内"搅拌"，让眼药水与睫毛膏混合均匀。接着，就像平时使用睫毛膏一样地使用即可。虽然也能滴入化妆水，但是若不慎入眼会产生刺痛感。而眼药水原本就是滴入眼睛的药，所以不会产生刺激，　是较好的选择。但是要注意的是，滴入眼药水只是一时的权宜之计，请勿长期使用！

睫毛膏复原 # 巧用眼药水

没有吸油面纸时
快速去油的方法

节约度 ★ ★ ★
省时度 ★ ★
推荐度 ★ ★

♥ 准备　塑料袋

　　油性肌肤的人一年四季都不能缺少吸油面纸。我自己则属于油性肌肤与干性肌肤的混合者：早上是不需要吸油面纸就能外出的干性肌肤；到了晚上，若是照镜子，就好像有谁把油涂在我脸上般"光彩照人"，想大喊救命。若是临时找不到吸油面纸也不需慌张，请试试用塑料袋吧。

这样做

将塑料袋剪成适当大小后贴在脸上，以手轻压，油脂就会附着在塑料袋上。若是使用面纸擦拭，不仅会将油脂擦掉，脸上的彩妆也会一并被擦拭掉。而利用塑料袋的好处是，吸附油脂时，不会破坏原有的彩妆。

 # 自制吸油纸 # 清除脸部油脂

3 拯救破碎的粉饼

节约度 ★ ★ ★
省时度 ★ ★
推荐度 ★ ★

💙 准备　塑料袋

　　粉饼方便补妆，一旦掉落却很容易破碎，很多人会想加入化妆水使其凝固。其实，也有不需任何添加物就能固定粉饼的方法。不过，利用这种方法整理好的粉饼虽然在使用上没有问题，但是与完整的粉饼相比较还是很脆弱，不适合携带外出使用。

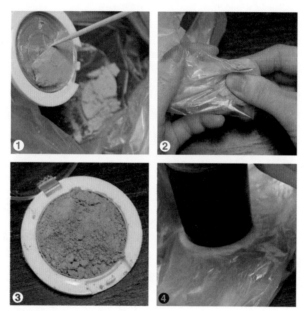

这样做

1 将破碎的粉饼全部放入塑料袋中。

2 一手抓紧塑料袋开口，一手将塑料袋内的粉饼搓成粉末状。

3 将所有粉末倒入粉饼盒里。

4 将塑料袋盖在粉饼盒上，找一个与粉饼盒大小差不多的东西用力按压，将粉末压紧。

拯救碎粉饼

4 # 出门在外时的
眼妆晕开修正法

节约度 ★ ★ ★
省时度 ★ ★
推荐度 ★ ★

♥ 准备 护唇膏、卫生纸

　　早上画了美美的妆，到了晚上，一照镜子，却发现睫毛膏或眼线都晕开在眼睛下方，即使用水或面纸也不容易擦拭干净，还有可能越擦晕得越厉害。

这样做

1 利用透明的护唇膏涂抹晕开的部分。护唇膏中的油脂可以融解晕开的眼妆。

2 接着，请以卫生纸将护唇膏擦干净。

修正前

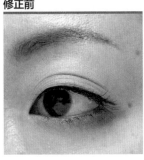

修正后

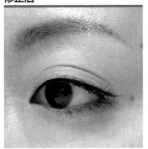

 # 拯救晕妆 # 巧用护唇膏

5 不重涂指甲油的痕迹补救法

💛 准备　护手霜

　　我自己是急性子的人，涂完指甲油要等待干燥，但中间实在忍不住去了趟洗手间，还没完全干掉的指甲油就出现了难看的痕迹。相信大家都曾经遇到过这种恼人的情况吧，这时候要不就干脆当没看到这些痕迹，要不就只能重新涂指甲油。现在有更简单的方法来补救指甲上的痕迹了。

这样做

1　将护手霜涂抹在产生痕迹的指甲上。

2　在痕迹消失之前，用手指不停地摩擦。为了不伤害指甲，必须轻轻地摩擦。

补救前

补救后

美甲补救

6 没有卸甲水也能清除指甲油

节约度 ★ ★ ★
省时度 ★ ★
推荐度 ★ ★

♥ 准备　指甲油、面巾纸

　　刚涂不久却没涂好的指甲油，碍眼指数爆表，让人想马上擦掉。偏偏这时手边的卸甲水又刚好用完了，真是令人超不开心的状况！介绍给大家一个绝妙的小秘诀。"以眼还眼，以牙还牙"，以指甲油还指甲油吧！

这样做

1 在想要擦除掉的指甲油部位，再次涂上一层厚厚的指甲油。建议使用透明指甲油。

2 在指甲油未干前，快速地用面巾纸将指甲油擦掉，就会连同之前涂上的指甲油也一并擦除掉了。

 # 用指甲油擦除指甲油

221

7 这样做，吹干头发的时间少一半

节约度 ★ ★
省时度 ★ ★ ★
推荐度 ★ ★

💜 **准备** 毛巾、吹风机

　　我的发量很多，每次洗完头发都要花不少时间擦拭与吹干。然而，只要稍微换个方式，吹干头发的时间就能减半。

这样做

1　首先，用毛巾擦拭头发。

2　接着，换一条干毛巾盖在头上，再以吹风机吹头发。注意使用吹风机吹风时，一定要使用干毛巾，若是用湿毛巾盖在头上，吹风机的热气会先让毛巾干燥，那么头发就不容易干燥了。头发较长的话建议使用较大条的浴巾，效果更佳。

3　头发下半部的吹法则是将吹风机放置在头发与毛巾之间吹。如此一来，毛巾将头发的水汽吸收，吹风机的热气也会马上散开。这样就不用用毛巾一直擦拭头发，擦到手臂都酸痛，或是担心直接以吹风机的热风吹会伤害头发了。

 # 快速吹干头发

8 # 不论长短，让发型
蓬松有曲线

节约度 ★ ★ ★
省时度 ★ ★
推荐度 ★ ★

💗 准备　吹风机、尖尾梳

　　不论如何使用吹风机，发型总少了蓬松曲线。特别是长发，即使使用吹风机或卷发棒，因为头发本身的重量，吹整出来的线条没多久就会消失。现在分别依照发型种类向大家介绍让发型蓬松有曲线的方法。

	打理前	**打理后**
	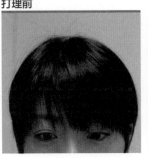	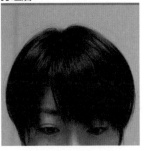

超短发

头发吹干至 70% 时，抓起头顶部位的头发以吹风机加热。加热后，抓着头发约 3 秒，再将头发放下来。

 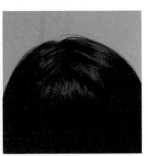 

梳子尾巴

长发或短发

头发全部吹干并做好必要的发型准备工作后，利用尖尾梳尖头部分在头顶部画 "之" 字形，那么头顶部位的头发自然会蓬松有型。另一个方法是，在头发吹干至 70% 时，将发线换边吹干。

 # 头发蓬松有型的秘诀

9 # 用纱布除掉梳子上的
头发与灰尘

节约度 ★ ★
省时度 ★ ★
推荐度 ★ ★

💜 **准备** 纱布

　　将纱布覆盖在梳子上，就能轻易地将梳子上的头发与灰尘去除，梳子便可保持干净的状态，对头皮也更好。

普通梳子

1 不要将纱布剪成与梳子一样的大小，因为纱布还要往梳子后方捆绑，所以纱布应比梳子更大。

2 把剪好的纱布覆盖在梳子上，将两旁多余的纱布翻到梳子后面捆绑固定，再将多余的纱布剪掉。

3 只要将纱布的打结处解开，再将纱布拿掉，就能轻易地去除梳子上的异物。

  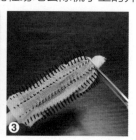

圆梳

1 剪一块宽度比圆梳长度多 10 厘米的纱布。

2 对齐纱布底部与圆梳底部，用纱布把圆梳卷起来，卷好后在梳子上方将纱布打结固定。

3 要除去纱布时，只要将上方的打结处剪开即可。

 # 巧用纱布 # 清洁梳子

10 # 简易清洁塑料梳子的方法

节约度 ★ ★
省时度 ★ ★
推荐度 ★ ★ ★

💙 准备　木工用胶水

　　梳子长期使用，会累积很多来自头皮的皮脂与头发，甚至还有灰尘，但清理起来很麻烦。就这样把梳子丢掉会觉得浪费；但若继续使用，又觉得对头皮与头发不太好。这时，不妨利用木工用胶水简单地清洁梳子吧。但需注意，若是木头梳子，就不适合这个方法。木梳请使用上一页提到的方法来清洁。

这样做

1　将木工用胶水涂在每排梳齿的空隙处。

2　胶水干掉变硬就会变成半透明状，这时只要将胶水撕除，梳子上的头发与灰尘等也会一并被除掉。

 **# 巧用胶水 # 清洁塑料梳子**

11 快速拯救睡醒后
乱翘的头发

节约度 ★ ★ ★
省时度 ★ ★
推荐度 ★ ★

💜 准备　毛巾、微波炉、吹风机

　　早上起床时，后脑勺的头发翘到没眼看。在这种情况下，若没有太多时间整理头发，可以使用下面的方法。将乱翘的头发根部打湿，再使用喷雾器。头发太湿，势必得花更多时间吹干；但若只将头发打湿一点，又达不到效果。此时，利用热毛巾包住头部，头发就不会因为太湿而浪费太多时间来吹干了。

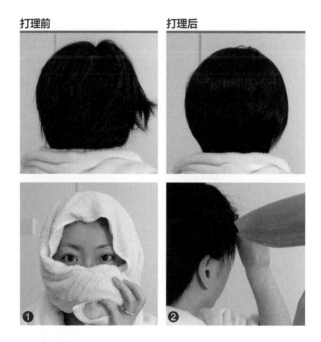

打理前　　　　　　打理后

这样做

1 将毛巾充分浸湿后稍稍拧干，放入微波炉以中火加热 1—2 分钟。将热毛巾取出来包覆在头上，以此状态刷牙洗脸。这时请确认毛巾的温度，毛巾变凉即可取下。依据毛巾的厚度，自行调节取下毛巾的时间。

2 这时从头发根部开始，依照个人喜好使用发型道具打理头发就可以了。

 # 乱翘的头发变平整 # 巧用热毛巾

**制作不会让
眼镜起雾的口罩**

节约度 ★ ★
省时度 ★ ★
推荐度 ★ ★

💛 **准备　口罩**（有鼻夹金属条的）

　　通常感冒或素颜时会戴口罩出门，但再戴上眼镜时，眼镜上就会产生湿气开始起雾。现在就告诉大家如何让眼镜不起雾。

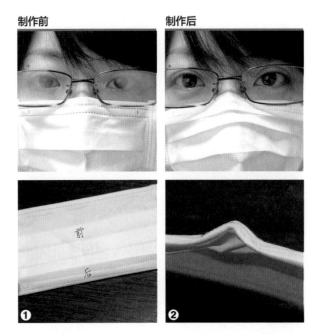

制作前　　　　制作后

这样做

1　将口罩的鼻夹金属条部分从后向前折。因为口罩折后面积会变小，所以尽量使用尺寸较大的口罩。

2　折痕的部位对准鼻梁，将口罩固定戴好，调整折痕部位使其符合脸部线条。口罩与脸部之间的空隙减少，跑出来的气也会变少。

口罩 # 眼镜不起雾

13 画出如女艺人般的
漂亮眉型

節約度 ★ ★ ★
省时度 ★ ★
推荐度 ★ ★

♥ 准备 发型定型喷雾、牙刷

　　仔细看女艺人，可以发现她们的眉毛前段就像数字 "1" 般直立，整齐的眉
毛显得十分精致。试着动手画画看，不管用刷子怎么刷，用眉膏怎么固定，最后
总以失败收场，眉毛还是原先的模样。其实只要用发型定型喷雾与牙刷，就能画
出与女艺人一样的眉型。

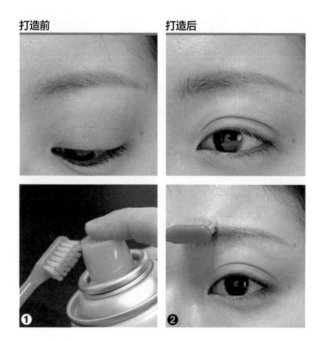

打造前　　　　　　打造后

这样做

1 首先，在牙刷上喷上发型定型喷雾。

2 用牙刷将眉毛由下往上梳 10—20 秒，让眉毛固定。若要将眉毛前端固定
成直立的 "1" 字形，请再次将发型定型喷雾喷在牙刷上，继续将眉毛由
下往上多刷几次。

画眉毛 # 整理眉毛 # 巧用发型定型喷雾 # 巧用牙刷

14 用小石子做出可固定刷子的收纳道具

节约度 ★ ★ ★
省时度 ★ ★
推荐度 ★ ★

💗 准备　玻璃杯、小石子

　　若将刷子平躺收纳在抽屉中，刷毛容易压坏，刷子的功效就无法好好发挥了。现在就告诉大家让刷毛不会压坏，还能避免互相碰触污染的收纳方法。

这样做

1 将小石子或颗粒较粗的沙子清洗干净后倒入玻璃杯中。

2 再插入刷子就完成啦！若是较粗的刷子，就必须选择颗粒较小的石子放入玻璃杯，刷子才能轻松插入和拔出。

 # 化妆刷收纳 # 巧用空玻璃杯

15 自制环保又天然的磨砂膏

节约度 ★ ★
省时度 ★ ★
推荐度 ★ ★

♥ 准备　小苏打、橄榄油

现在不需要再花钱购买不常使用且昂贵的磨砂膏了，需要使用时，分分钟就能自制。小苏打的微小颗粒能够去角质，再加上湿润的橄榄油，还可以让肌肤不干燥。

这样做

1 大勺小苏打与 2 小勺橄榄油混合均匀，就能制作出天然的磨砂膏了。

先用温水洗脸，再将做好的磨砂膏以画圆的方式轻轻涂抹在脸上，最后用清水洗干净即可。

自制磨砂膏 # 巧用小苏打

16 利用餐巾纸自制面膜

节约度 ★ ★ ★
省时度 ★ ★
推荐度 ★ ★

💛 **准备** 餐巾纸、化妆水

　　为了肌肤的保湿一定会敷面膜做保养，但又不确定各款面膜是否适合我的肌肤，怕出现过敏的现象。虽然抽屉中也放了两三片大牌的面膜，但是使用时不免觉得心疼，通常会留到有重要约会的前一天才使用。其实只要利用家中的化妆水就能在家自制面膜，且原料来自本来就使用的产品，完全不用担心不适合自己的肌肤。

这样做

1 剪刀消毒后，将餐巾纸剪成与自己的脸一样大小的圆形；接着，再将眼睛、嘴巴部位剪出小洞。

2 面膜纸就完成了。

3 将面膜纸对折，用化妆水浸湿。

4 将面膜敷在脸上约5 分钟后取下，避开眼睛、嘴巴部位。若觉得水分快速蒸发实在可惜，可在面膜上覆盖一层保鲜膜。然而，若太频繁使用面膜，容易产生湿疹，要特别注意，每周一两次为宜。

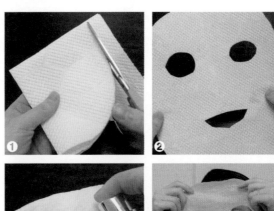

 # 在家自制面膜 # 巧用化妆水、精华液

17 # 在家也能做出法式指甲

♥ 准备　绝缘胶带

　　只将白色指甲油涂在指甲前方边缘的法式指甲看起来简单利落，在家自己做起来其实也很简单。画左手时虽然无碍，但是换成画右手时，却因无法停止颤抖导致无法画出利落的线条，最后，也只能用卸甲水擦掉。虽然市场上有专门做法式指甲的贴纸道具售卖，但是只要掌握了下面的方法，就会觉得购买那些贴纸道具简直是浪费钱。

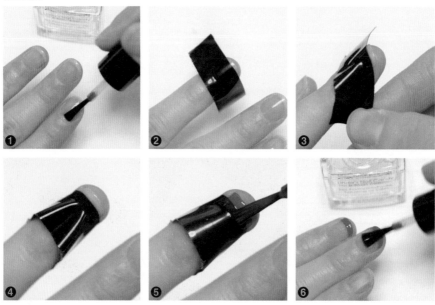

这样做

1 涂第一层护甲油后，等待干燥。

2 护甲油全干后，将绝缘胶带对齐贴在要做法式指甲的位置上。

3 将绝缘胶带的两端裹紧贴在手指上。

4 固定手指后面的胶带。

5 在留出来的指甲顶端上涂上指甲油，待指甲油全干后，撕下绝缘胶带。

6 最后，在整片指甲上再涂上一层定甲油，来保护做好的美甲。

 # 不需要购买美甲工具 # 巧用胶带

18 自制美甲贴纸

节约度 ★ ★ ★
省时度 ★
推荐度 ★ ★

💗 **准备** 指甲油、透明胶带、烘焙纸（或保鲜袋）

　　涂指甲让人觉得麻烦，因此，很多品牌都推出了取代指甲油，可以直接贴在指甲上的美甲贴纸。现在，教大家在家也能自己设计制作美甲贴纸的方法。

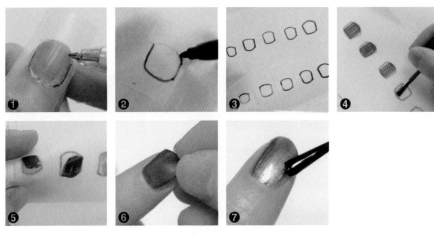

这样做

1　将透明胶带粘在指甲上，用圆珠笔在上面画出每一片指甲的形状。以这种方法可以准确地画出指甲的形状。由于两手指甲形状差不多，因此只要画较容易操作的左手指甲即可。

2　将透明胶带上画好的指甲模型粘在烘焙纸上，用油性笔清楚地勾勒出来。若是使用保鲜袋，一开始画好的线条就很明显了，因此，可以省略该步骤。

3　画出 10 个指甲模板。画得不漂亮也没关系，这个指甲模板只要制作一次就能重复使用多次。

4　在烘焙纸反面重复涂上 2 层指甲油。只涂 1 层会太薄，不易粘贴在指甲上；若涂抹 3 层以上又太厚，贴纸会太硬。

5　指甲油表面干掉后，就可以撕下来了。不要等到指甲油全部干透再撕下来，这样容易脱落。

6　在自己的指甲上先涂一层护甲油，再贴上指甲贴纸。

7　在贴纸表面再涂一层定甲油就完成了。

 # 自制指甲贴纸

用蛋白仿制天然珍珠粉

节约度 ★ ★ ★
省时度 ★
推荐度 ★ ★

♥ 准备　蛋白、透明塑料文件袋、吹风机、塑料卡片

　　化妆或气色不佳时使用的珍珠粉可以用蛋白制作？一开始抱着怀疑的态度："真的可以用蛋白吗？"试过后，效果令人惊艳！由于是天然产品，因此只要不是鸡蛋过敏者皆可安心使用。平时不用珍珠粉，突然因为化妆需要使用时，请试试这个方法。担心脸上会有鸡蛋的腥味？用手将蛋白涂抹均匀时还有些许味道，但等蛋白完全干燥后，就没有任何味道了。制作后 1 周内都可以使用，若与你的肌肤不合，可以随时中断。

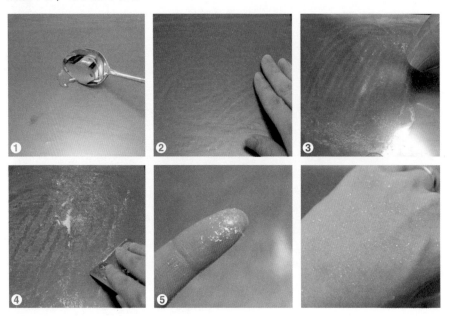

这样做

1　将半勺蛋白倒在透明塑料文件袋上。

2　用手将蛋白均匀地抹成薄薄的一层。

3　用吹风机的热风将蛋白吹干。

4　蛋白干燥后，用干净的塑料卡片将粘在文件袋上的蛋白刮下来。

5　这些就是仿制的珍珠粉哟！

 # 巧用蛋白 # 在家制作护肤品

凡士林的 5 种用法

凡士林是功效极佳的保湿产品，虽然不像乳液能快速地渗透到肌肤底层，但是对于肌肤表层具有良好的保护作用，并能锁住水分。本篇介绍的就是完全发挥凡士林的这一特性的用法。因为凡士林含有油脂成分，所以容易氧化变色，若散发出油脂味，就不能再继续使用。若只有表面氧化，可以用勺子将氧化部分挖掉，确认剩下的部分颜色与味道无异后，方可继续使用。

护唇膏

与市售的含有众多添加剂的护唇膏不同，凡士林的刺激性相对小。若希望有颜色，可以加一点眼影混合后再使用。但加了眼影后要马上使用，不建议保存。

保湿霜

直接将凡士林涂抹在肌肤上时，因为凡士林质感较硬不易涂开，所以容易让肌肤感觉沉重闷热。建议平时抹完化妆水或身体乳液后，取凡士林放在手掌中，双掌互相摩擦让其融化后，再涂在脸上或身上。重点是凡士林不要涂太厚。凡士林膜可以帮助肌肤吸收化妆水成分，并防止水分蒸发。然而，如果是容易长痘痘的油性肌肤，则必须小心使用。

预防过敏

用棉花棒蘸少许凡士林，在鼻孔周围（不要太深）涂薄薄一层。这样做可以防止花粉或其他过敏物质进入鼻孔，对预防过敏很有帮助。

修正妆容

用手指或棉花棒蘸取些许凡士林，可以擦掉晕开的妆，十分方便。

磨砂膏

将凡士林与颗粒细小的咖啡渣、砂糖、盐等均匀混合，可以当身体磨砂膏使用。

\# 巧用凡士林 \# 护唇膏 \# 保湿霜 \# 磨砂膏

七

其他

日常生活三秘诀

节约度 ★ ★ ★
省时度 ★ ★ ★
推荐度 ★ ★

1 分钟让啤酒变凉

突然好想喝凉啤酒啊，打开冰箱门却发现里面没有啤酒！赶紧将常温啤酒放进冷冻室，但再怎么快也要等 30—40 分钟，实在忍耐不了。快速冰镇啤酒的方法其实很简单，只要在大碗内装入冰块再撒上食盐；接着，将啤酒罐放入碗内不停地滚动 1 分钟即可。食盐能让冰块快速融化，啤酒罐的热气能更快被吸收掉，啤酒就能迅速变凉了。

快速让房间通风

独自在家刚起床时，家里会因为没有通风而有异味，但突然有朋友到访，怎么办？真的一点都不想要"臭烘烘女人"这种封号。这时候请马上将毛巾浸水，待湿透后拧干，一手抓毛巾举直高过头部，再不停地画圆甩动毛巾。

10 秒让体温上升

春天迟迟不来，来的只有一场场寒流，实在很不想出门，但又不得不出门上班。室外实在太冷，很想做半蹲运动让身体暖和，无奈大街上来来往往的人太多。这时候，只要一个小小的动作，就能让体温升高：将双手举高至胸前，手掌相对发力互相推挤约 10 秒钟。此动作会使用到手臂与胸部的肌肉，体温会在做此动作的过程中上升。

巧用食盐 # 巧用湿毛巾

② 厨房三秘诀

一次剥干净牛油果皮

果肉柔软的牛油果或奇异果若用水果刀削皮，难免连果肉一起削掉，实在浪费。这时候不妨先对半切开牛油果（或奇异果），将果皮与果肉的连接处对准玻璃杯边缘用力刮下，就能够一次将果皮与果肉完全分离。玻璃杯越薄，越能将果皮与果肉干净利落地分离。

咖喱汤汁不滴落，完美盛装到碗内的方法

盛装咖喱时，汤勺底下沾到的咖喱汤汁会慢慢滴落下来，装碗后，还必须用餐巾纸擦拭才行。就像泡茶后的茶包要丢弃时，残留的茶水也会滴在水槽内，必须再擦拭一次才行。但若在盛咖喱时，先用汤勺底部稍微碰触一下咖喱，然后再将汤勺放入咖喱汤汁中，那么盛装咖喱时，汤汁就不会滴落了。

干净卫生地找到保鲜膜接口

若丢掉了保鲜膜盒子，每当保鲜膜用完后，保鲜膜切割的底端就会紧紧地贴在整卷保鲜膜上，下次要用就得再辛苦地找寻。这时候可以戴上塑胶手套，抓住保鲜膜左右移动，就能干净又简单地找出保鲜膜接口了。

巧用玻璃杯 # 巧用塑胶手套

3 镜子防雾气的 2 种方法

节约度 ★ ★ ★
省时度 ★ ★
推荐度 ★ ★

💗 准备　胶水、肥皂

　　浴室镜子容易因为浴室的湿气而产生雾气，所以必须时常擦拭。但其实只要利用家中已有的物品，就能简单地帮镜子镀上一层防雾膜。

利用胶水防雾气

将胶水直接涂抹在镜子上，手蘸水将整面镜子涂湿。在胶水干之前用干毛巾擦拭，就完成镀膜了。

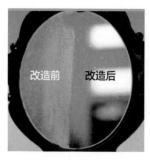  

利用肥皂防雾气

将固体肥皂轻轻地涂抹在镜子上；接着，以干毛巾擦拭。肥皂含有油脂成分，能在镜子上形成一层膜，防止产生雾气。

巧用胶水 # 巧用肥皂

4 快速穿上小一号服装的两大秘诀

节约度 ★ ★ ★
省时度 ★ ★ ★
推荐度 ★ ★

卡在骨盆处的裙子的穿法

穿上卡在骨盆处的裙子的方法就是"减肥",准没错!我的骨盆大,每次穿裙子时,裙子总会先停留在骨盆处才能再往上拉。我也不想要这样的骨盆啊!只要在裙子拉到腿部时,双腿交叉,上身往前倾45°,那么,裙子就能顺畅地通过骨盆处了。这样做时,骨盆处会减少2—3厘米的宽度,就能轻易地穿上裙子了。

无法扣起扣子的裤子的穿法

站着穿裤子要扣扣子时,却因下垂的肚子导致扣子扣不上。这下垂的肚子绝对不是我每天躺在沙发上大吃大喝造成的,而是重力造成的,可又没办法为了一条裤子而飞到没有重力的太空去。这时候,只要躺下来就能解决了!穿上裤子后平躺,肚子上的肥肉会往背部方向掉,扣子自然能轻易扣上。但是,若一站起来,会感到血液循环不畅,太勒的话,还是换一条裤子,或者下定决心减肥吧!

不减肥穿上小一号的服装

241

橡皮筋的 3 种应用法

滑门清洁

滑门缝隙处堆积的灰尘与头发，即使想用吸尘器清洁，也会因为将门推到另一边时，又将灰尘与头发一起推过去而无法清洁，必须用手慢慢地一一捡除。但只要将 2—3 条橡皮筋连接起来穿进滑门缝隙底部，再一边移动橡皮筋，一边拉动滑门，灰尘与头发就会附着在橡皮筋上了。等看到实际收集的灰尘与头发的量后，就会发现自己有多久没有清洁滑门了。

制作节省用量的按压容器

明明不需要那么多的量，但出于习惯总是按压好几次，造成洗发水或洗手液的浪费。若是跟我一样有这种按压多次瓶盖的习惯的话，不妨把橡皮筋缠绕在按压瓶盖的底端。这样按压一次瓶盖，出来的量就会减少，即使按压数次，也能够减少用量。

让衣服不再下滑的衣架

以前在卖场，看到不会让衣服滑下来的衣架时，总会被销售员的话术迷惑而购买。我家就有好多这种衣架，但问题是，衣服虽然不会滑下来，但是要取下衣服时也不好取！现在只要在塑料衣架的两端绑上橡皮筋，即使是露肩衣服也挂得住，取下时也比较容易。

使用率高的橡皮筋

6 让不锋利的剪刀"复活"

💛 准备　铝箔纸、防晒霜

　　剪刀用久了会很难剪开纸张，甚至连痕迹都不会出现。下面教大家依据剪刀不好用的原因，让剪刀"复活"。

铝箔纸

剪刀刀刃钝时

将铝箔纸对折 4 次，用剪刀随意剪铝箔纸。因为铝箔纸是柔软的金属，所以剪刀剪时的压力与摩擦力，可让刀刃变光滑。然而，这方法只能让剪刀暂时"复活"，最好的方法还是将剪刀拆开，以磨刀石直接磨刀刃。

剪刀附有黏着剂时

在剪刀内侧涂抹少许防晒霜，以手将防晒霜涂开后（小心手不要被划伤），静置约 5 分钟，再以卫生纸将防晒霜擦拭干净即可。

剪刀刀刃变锋利 # 巧用铝箔纸 # 巧用防晒霜

告别领带乱飞打脸的日子

节约度 ★ ★ ★
省时度 ★ ★
推荐度 ★ ★ ★

💛 **准备**　**要丢掉的衬衫**

　　没有领带夹时，只要风一吹或用餐时，领带就会乱飞拍打到腹部、脸部，或是跑到饭碗里，实在很麻烦。这时"该买个领带夹"的念头就会浮现在脑海，但如果真的掏钱买，就不符合本书宗旨了。其实只要利用要丢弃的衬衫就能将领带固定住。

这样做

1　将衬衫 2 个扣眼部位剪下，剪成长条状。我为了让大家看清楚而使用黑色衬衫，请大家务必使用与所穿的衬衫颜色相同的衬衫。

2　将剪下的布条插入领带背面。

3　接着，将衬衫扣子扣在领带背面的布条的扣眼上即可。

自制隐藏领带夹 # 比用领带夹更方便的固定法

不使用任何道具，
就能将零食袋密封

节约度 ★ ★ ★
省时度 ★ ★
推荐度 ★ ★

零食吃到一半不想再吃，为了避免湿气入侵造成零食口感变差，需要将零食密封保存。即便手边既没有密封夹子也没有橡皮筋，也有办法将零食储存好。

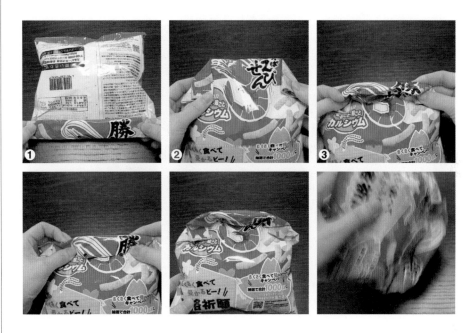

这样做

1 将零食袋子顶端往下折 3 次。

2 将零食袋翻面，两角也往下折。

3 抓住对折的两角，将步骤 1 中下折的部分往内再翻折，就能固定住袋口。

即使摇晃颠倒，零食袋口也不会松开。

但要注意，折太多次袋子会变软，就不容易固定。

\# 无工具密封零食

9 # 不浪费点眼药水

节约度 ★ ★ ★
省时度 ★ ★ ★
推荐度 ★ ★ ★

眼睛点上眼药水后，通常会不停眨眼导致眼药水流出来。现在就告诉大家让眼睛能够完全吸收眼药水的方法。

这样做

将眼药水各滴 1 滴在双眼内。只要 1 滴眼药水就已经足够有效了，滴入太多只是浪费而已。接着，紧闭双眼，拇指和食指按压两眼内侧等待约 1 分钟。按压两眼内侧能够防止眼药水与泪水一起流出来。

节约眼药水

10

轻松开启玻璃瓶的
4 种方法

节约度 ★ ★ ★
省时度 ★ ★ ★
推荐度 ★ ★ ★

　　新买的果酱或酱菜瓶偶尔会出现很难开启的情况，这是我在老公面前变身为小女人的唯一机会：双手合十，"我打不开，帮我开"，一边撒娇地请求，一边将瓶罐递给老公。啊……老公竟然也打不开！没办法了，小妙招上吧！

这样做

★ 将瓶罐上下颠倒敲 10 次：空气会跑入低气压的瓶罐内，这时，不需花费太大的力气就能开启瓶罐了。

★ 戴上塑胶手套：塑胶手套的摩擦力强，容易集中力气拧开瓶盖。

★ 右手抓着瓶身（惯用右手者），左手抓瓶盖拧开：抓瓶身的面积大，自然较容易集中力量打开瓶盖。（但这个方法仅适用于开启小一点的瓶罐。）

★ 将瓶罐颠倒，瓶盖浸泡在热水内：金属瓶盖会因为冷藏室的温度而收缩，变得不容易开启；浸泡热水可以让瓶盖膨胀，自然就容易开启了。

轻松开启玻璃瓶

11 # 轻易解开
打死结的塑料袋

捆绑塑料袋时没感觉，等到要打开时，才知道难度。尤其是我的指甲短，要解开塑料袋更是困难，还不如解开数学题更简单些。总不能出动嘴巴将塑料袋结咬开吧！

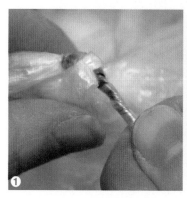
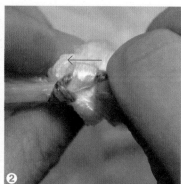

这样做

1 抓住打结的塑料袋一端扭转。

2 等到塑料袋被扭得很紧后，往打结部分塞进去，就会产生缝隙，便能轻易解开了。

解开塑料袋结

12 将一次性筷子
均匀完美地分离

去餐厅吃饭时，必须先将一次性筷子对半分开，但却从来没有真的完美地对半分开过。理由只有一个：因为要吃饭了过于兴奋，便以光速将筷子分开，力气集中在其中一边的筷子上，自然就无法均匀对半分开。现在只要学会这个方法，就能将一次性筷子均匀地对半分开了。

分离不均匀的筷子

分离均匀的筷子

错误的手法

正确的手法

这样做

双手抓着一次性筷子，从下面开始慢慢地往上用力。接着，将筷子横放，双手变成上下抓住筷子，均匀施力，尽可能地将筷子间的沟槽分开。若太快拉开，筷子上方的力气较大，就不容易对半分开，因此，一定要慢慢地拉，就能够完美地将筷子对半分开了。但是为了环保，还是建议大家出门携带筷子，减少使用一次性筷子。

快速分离一次性筷子

13 开碳酸饮料不溢出的 2 种方法

节约度 ★ ★ ★
省时度 ★ ★ ★
推荐度 ★ ★

买碳酸饮料总是容易摇晃到，只要一打开，里面的饮料就会溢出来。现在就教大家碳酸饮料不会溢出来的 2 种开法。

塑料瓶

将瓶子慢慢地滚动，贴紧瓶身的气体会慢慢消失，这时再打开瓶盖，碳酸饮料就不会溢出来了。

易拉罐

一边转动易拉罐，一边轻轻敲打瓶身，那么贴紧瓶身的气体就会消失了，这时再将拉环拉开，就不用担心碳酸饮料会溢出来了。

碳酸饮料不溢出的开法

14

让配菜固定位置的便当装法

节约度 ★ ★ ★
省时度 ★ ★ ★
推荐度 ★ ★ ★

♥ 准备　保鲜膜

　　偶尔当贤惠老婆帮老公准备爱心便当，但往往当老公中午打开便当时，便当的模样已经与早上出门时天差地别了：所有配菜倒向一边，还混在一起。就好像每天早上化了精致漂亮的妆出门，到了晚上妆却全部花掉，让人不禁怀疑：这真的是我的脸吗？因此，我努力想出来一个解决方法。只要这样做的话，就能让便当里所有配菜都稳固地待在自己的位置上。

便当固定前　　　　　　便当固定后

这样做

装完便当后，只要盖上保鲜膜，配菜便几乎不会移动了。将保鲜膜覆盖在配菜上；接着，用筷子将四边的保鲜膜塞进饭菜与便当盒之间；最后，盖上便当盒盖即完成。

\# 巧用保鲜膜

15 喝有果粒的饮料时
不剩半粒的喝法

節約度 ★ ★ ★
省时度 ★ ★
推荐度 ★ ★

喝椰子汁、芦荟汁等含颗粒的易拉罐饮料时，常会发现颗粒留在底部喝不掉，实在觉得可惜。但就算用力往嘴巴里倒，也倒不出果粒。现在就教大家喝得一粒不剩的方法。

这样做

开罐后，在开口正下方以手指按压，使瓶罐凹进去。这样按压的话，瓶身会稍微变窄，那么喝饮料时饮料的流速就会变快，饮料中的颗粒也会跟着快速地进入口中了。

不浪费饮料中的果粒

一次单手拿很多饮料
也不会打翻的方法

节约度 ★ ★ ★
省时度 ★ ★
推荐度 ★ ★

♥ 准备　层板或硬盒子、塑料袋

　　搬运很多饮料时，经常需要别人帮忙，但其实只要有塑料袋、层板或硬盒子，一个人就能解决了。一个人就能制造一辆不打翻一滴饮料的"快速饮料专车"，堪比外卖员！另外，这样做不仅运送方便，也不会对手造成压力，还更加卫生。

这样做

1 将一块层板或一个坚硬的盒子放进塑料袋内。

2 再将所有饮料杯放在层板上或硬盒子内。

3 将塑料袋开口打结固定即可。

4 抓住塑料袋打结处，即使左右摇晃，饮料也不会溢出来或打翻了。

自制外带饮料托盘

17 去除粘在头发上的
口香糖的 2 种方法

节约度 ★ ★ ★
省时度 ★ ★
推荐度 ★ ★

♥ 准备　冰块、油

　　掌握这 2 种方法后，即使有口香糖粘在头发上，也不需要为了将它取下来而手忙脚乱了。

利用冰块取下口香糖

在口香糖变硬之前，拿冰块敷在口香糖上，等到口香糖变硬后，自然就会从头发上掉下来了。

利用油取下口香糖

在手上涂抹满满的头发保养油或家里的任何一种油后，开始不停地搓揉口香糖，便能将口香糖与头发分离得干干净净。但因为头发沾了油，分离后，必须以洗发水清洗才行。

 # 巧用冰块 # 巧用油

去除鞋底口香糖的方法

节约度 ★ ★
省时度 ★ ★
推荐度 ★ ★

💛 准备　迷你手帕纸

　　不知道是谁随地乱吐口香糖，一不小心踩到后，走路时就会很不舒服。虽然想要用冰块将口香糖去除，但是在大马路上一时半刻也找不到冰块。这时候请试着利用随身携带的迷你手帕纸来去除口香糖吧。

去除前

去除后

这样做

1 将迷你手帕纸整包放在地上，将粘了口香糖的鞋底踩上去；接着，用力行走约 100 米。

2 比起鞋底，口香糖更容易粘在塑料包装上，因此，就能将鞋底的口香糖去除了。

去除鞋底口香糖

19 # 提沉重袋子手不痛的方法

节约度 ★ ★
省时度 ★ ★ ★
推荐度 ★ ★ ★

♥ **准备** 塑胶管

　　去了一趟超市，原本只想买一两样东西，但逛着逛着，不知不觉间就买了一大堆。提着装满东西的塑料袋或布袋时，因为提手面积小，会对手掌造成很大压力，手掌就会因此而疼痛，非常不舒服。

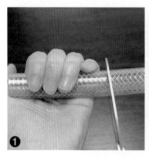

这样做

1 将塑胶管剪成与手掌宽度差不多的长度。塑胶管可以在五金店购买。

2 将塑胶管如图 2 一样剪开。

3 将塑料袋提手塞入塑胶管中即可。

 # 巧用塑胶管 # 自制不勒手的手提袋

20 开门时不再被静电电到

节约度 ★ ★ ★
省时度 ★ ★ ★
推荐度 ★ ★

干燥的冬天触碰到金属门把的瞬间就会被电到，所以只能小心地开门。别着急，有解决的方法。

这样做

手先摸着木头门（或是水泥墙壁）；接着，另一手再抓握门把。电流若快速流过（金属）会很痛，但若慢慢流过（木头或水泥），就感受不到痛楚。通过先触碰木头（水泥），身体内的电流已经先慢慢地流向木头（水泥），即使再流过金属，也不会产生被电到的酥麻感了。

\# **冬天不被静电电到**

21 # 让皱皱的纸币变平整

节约度 ★ ★ ★
省时度 ★
推荐度 ★ ★

💙 准备　厨房餐巾纸、熨斗

　　过年红包或其他礼金若需要给新纸币，但因为太忙没有时间换新纸币时，也可以把钱包里的纸币变成像新的一样。但这是急需新纸币时所使用的权宜之计，请勿经常使用。

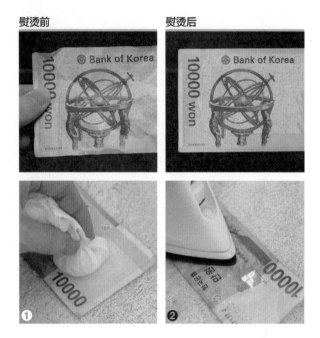

熨烫前　　　　　**熨烫后**

这样做

1 将厨房餐巾纸浸湿后轻轻拧干，拍打纸币让其变湿。

2 接着，以100℃的低温熨烫纸币，使纸币上的水分蒸发，纸币上的皱褶也会被熨平，就会变身为新纸币。熨烫时，一定要避开对热敏感的部分。

\# **巧用熨斗**

22 衣袖不掉下来的卷法

节约度 ★ ★ ★
省时度 ★ ★ ★
推荐度 ★ ★

洗碗时，衣袖一直掉下来，实在烦人，只能脱掉塑胶手套，卷起衣袖再戴上，但没多久衣袖又掉下来了。其实，只要在衣袖底部稍微花点心思，洗碗或做其他家务时，衣袖就不会再往下掉。

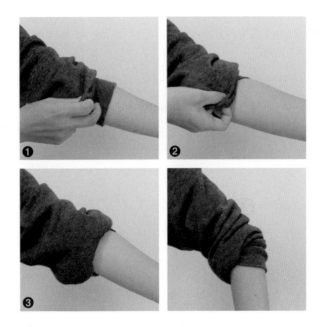

这样做

1 将衣袖快速地往上拉。

2 将衣袖底端部分往内折。

3 无须将全部衣袖往内折，只要折一小部分即可。折好后，将袖子底端部分再往内折。

\# 洗碗时衣袖不掉

23 用手将香蕉平整地
分成两半

节约度 ★ ★ ★
省时度 ★ ★ ★
推荐度 ★ ★

自己一个人吃不完香蕉，于是便想要与老公一人一半。这时候若用水果刀，当然一定能将香蕉切得平整，但还要清洗刀子。这时候，只要使用如下方法就行了。

扭   **拉**

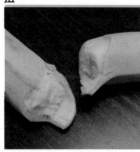  

这样做

双手抓住香蕉两端，用力将香蕉拉开。这么做的话，香蕉断面就会十分整齐。

不用刀子分离香蕉

24 # 将蛋糕切成均匀的单数块

节约度 ★ ★ ★
省时度 ★
推荐度 ★ ★

💚 准备　正方形纸张、牙签、透明胶带

　　买一块蛋糕回家后，通常只能准确地平均切成双数块。但若家人并非双数，这时要切成相同大小的单数块就很有难度。不如学学将蛋糕切成均匀单数块的方法吧。

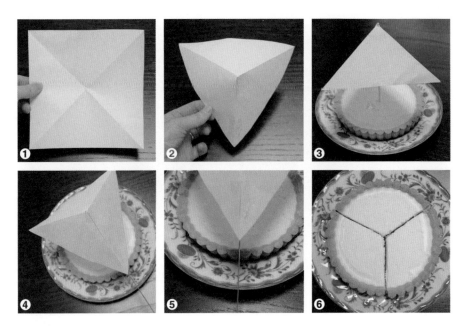

这样做

1 将正方形纸沿对角线折 2 次。

2 折起其中一面呈三角形，并用透明胶带固定，做成三角锥形状。

3 在三角锥中心插入牙签，牙签另一端插在蛋糕中心，对准顶点就能够切分蛋糕了。

4 5 6 刀子先对准中心点，按照三角形切即可。

 # 巧妙切蛋糕

25 # 力气不够也能将拧紧的 螺丝轻易拆下

♥ 准备　熨斗

　　自己组装的家具越来越多，需要拧螺丝、拆螺丝的机会也变多了。虽然拧螺丝并不难，但是要将拧紧的螺丝拆除时，对力气较小的女生而言，就困难多了。现在就介绍给大家能够轻易拆下螺丝的方法。

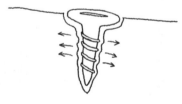

这样做

1 将熨斗开最高热度熨烫螺丝约 30 秒，熨烫时，注意不要烫到其他部位。为了不让熨斗刮伤，可先在螺丝上垫一条手帕。

2 当螺丝冷却后，就可以用改锥拆下。螺丝因为熨斗的热气膨胀，冷却后会再缩回原本的大小，螺丝与家具木头间就会产生缝隙，变得容易拆下。塑料或铝制品上的螺丝，使用此方法无效。

轻易拆下螺丝

不再缠绕到一起的耳机线整理法

节约度 ★ ★ ★
省时度 ★ ★
推荐度 ★ ★ ★

明明就将耳机线整齐地卷成圆形收起来，拿出来使用时，却发现耳机线已经缠绕成一团！这时候只要换个方法收耳机线，就不会缠绕在一起了。

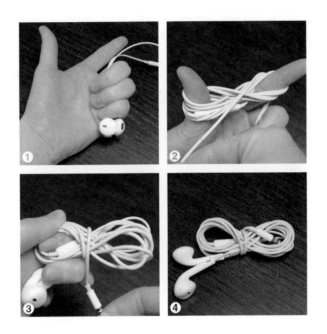

这样做

1 以 3 根手指抓住部分耳机线。

2 将食指与大拇指张开，将剩下的耳机线以"8"字形缠绕在食指与大拇指上。

3 耳机线底端预留约 5 厘米，缠绕住"8"字形中间部分。

4 最后，将底端的线塞进"8"字形的洞中即可。

耳机线整理

27

不好剪的胶布或塑料
也能轻松剪开的方法

节约度 ★ ★ ★
省时度 ★ ★
推荐度 ★ ★

♥ 准备 纸张、剪刀

　　大家曾试过要将一整张的胶布剪开使用吗？我试过。由于胶布材质过于柔软，因此用剪刀不易剪开；即使剪开，胶布断面也不会整齐。这时候只要有一张纸，就能轻易剪开了。

这样做

1 将要剪的物品夹入纸张中。这里我是夹入塑料袋做示范。

2 剪刀在纸张上剪下，就能轻易地将不易剪开的物品剪开了。

3 膏药等其他贴布柔软材质的物品皆适用此方法。

剪出漂亮的胶布

徒手拿微波炉里
加热的食物的方法

节约度 ★ ★ ★
省时度 ★ ★
推荐度 ★ ★

用微波炉加热食物时，通常会将保鲜膜如左下图般包住碗盘。但取出食物时，碗盘实在是好烫好烫！于是被烫得一边跳着舞，一边拿出碗盘。现在，可以停止这种无意义的舞蹈了。

这样做

当保鲜膜将碗盘完全包住时，水蒸气无法散发，食物变热的同时，碗盘也会变得很热。但若是像右上图一样，保鲜膜没有将碗盘两端包覆住，那么碗盘就不会因为过热而无法徒手取出了。

不被碗盘烫伤

29 # 在塑料盒上写上标记的
方法

节约度 ★ ★ ★
省时度 ★ ★
推荐度 ★ ★

❤ **准备** 水性笔、洗衣粉

　　装着调味料或小菜的塑料容器，很难从外面直接看清楚装了什么。虽然想贴上贴纸标记，但是因为盒子内的小菜时常更换，这时也得跟着更换贴纸才行，而贴纸又不容易撕下。水性笔不适合写在塑料材质上；油性笔虽然容易写上去，但是却不容易擦掉。现在就介绍给大家能发挥水性笔写错易修改的优点，要擦掉也很方便的标记方法。塑料材质含有油分，水性笔的墨汁难以上色。但是，只要加上一点洗衣粉就搞定了。由于洗衣粉的表面活性剂可以融合水分与油分，水性笔也就能轻易在塑料盒上写字了。

水性笔　　　　　　　　　沾有洗衣粉的水性笔

这样做

1 用水性笔笔尖蘸取少许洗衣粉。

2 用纸巾将笔尖的洗衣粉擦掉，就能在塑料盒上写字了。

　　放入冰箱冷藏时，需要注意盒子的材质。

\# 巧用水性笔 \# 巧用洗衣粉

炎炎夏日快速降低车内温度的方法

节约度 ★ ★ ★
省时度 ★ ★
推荐度 ★ ★

室外温度超过 30℃ 的时候，把车停在没有遮挡处，只要很短的时间，车内温度就会上升至 50℃ 以上。这时候，就算开了冷气，温度也不会马上下降，只好车内开着冷气，人还是站在 30℃ 以上的车外等待，因为再怎么样外面还是比车内温度低。现在就介绍给大家让车内温度迅速恢复到与室外温度差不多水平的方法。

这样做

1 将副驾驶座一侧的窗户完全打开。

2 将驾驶座一侧的门连续开关 5 次。门若关得太用力容易导致故障，要特别注意。

夏季快速降低车内温度

31 # 擦除手上的圆珠笔痕迹

♥ 准备　胶水

　　紧急需要标注事项时，恰巧没带手机，手边只有圆珠笔却没有纸张，这时通常就会写在手上。所以当手上残留圆珠笔痕迹时，该怎么轻易擦除呢？现在就告诉大家方法。

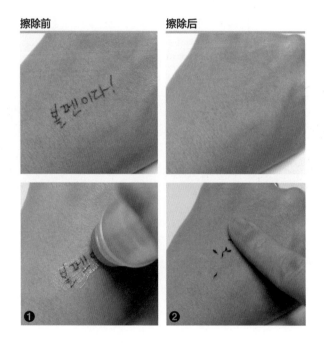

擦除前　　　　　　　　擦除后

这样做

1 在有圆珠笔痕迹处涂上薄薄的一层胶水。

2 当胶水半干时（表面稍微湿润），轻轻地搓揉胶水。胶水中的成分能轻易吸附色素和油酚等，圆珠笔痕迹就能一起被擦掉。

擦除圆珠笔字迹 # 巧用胶水

32 擦除手上的油性笔痕迹

节约度 ★ ★ ★
省时度 ★ ★
推荐度 ★ ★

💛 准备　口红、卫生纸

　　油性笔在使用过程中难免会沾到手上，等到发现时，再用纸巾已经擦不掉了，即使用肥皂清洗也洗不干净，仍会残留一两天。请试着利用化妆包内的口红来擦掉油性笔的痕迹吧。由于口红含有乳化剂，能溶解油性笔中的油分，因此能擦除油性笔的痕迹。

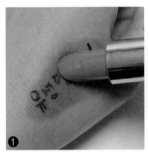  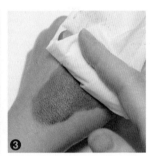

这样做

1 将口红涂在有油性笔痕迹的部位。因为口红上也会沾到油性笔痕迹，所以务必用卫生纸擦拭口红本身，或者使用已经过期的口红吧。

2 用手指轻柔地将口红涂抹开。

3 最后用卫生纸将手上的口红擦拭干净即可。使用防晒乳或卸妆油代替口红也可以。

 # 擦除油性笔痕迹 # 巧用过期口红

33　其他的 11 个小秘诀

节约度 ★ ★ ★
省时度 ★ ★
推荐度 ★ ★

挑选不容易滑落的船袜

穿着船袜，再穿上鞋子时，经常走不到几步路，袜子就已经滑落到脚底了。购买船袜时，记得挑选脚后跟部分的对角线缝纫线超过 5 厘米的袜子，这样的袜子不容易滑落至脚底。

在吵闹处谈话也听得到

在演唱会或夜店等嘈杂的地方，即使喊破喉咙讲话也不一定能听清楚。此时，只要把双手轻轻合拢，放在对方的耳朵旁，再以平时的语调说话，对方就能听见。过大的声音反而会因为障碍物（手掌）的反射而不容易被听见。

快干胶快速变硬的方法

快干胶号称可快速变硬，但若是想要让它更快变硬的话，可以在想要使用的物品表面抹上少许水，接着马上涂上快干胶。快干胶会与水起反应，可更快变硬。

去除粘在手上的快干胶

液体状态的快干胶容易粘到手上，这时候只要用热水轻轻搓洗，就能轻易将快干胶洗掉。

去除案板上的腥味

若在案板上清理海鲜，案板很容易残留腥味。先将案板以水打湿后，再清理海鲜，就能减轻腥味。清理完海鲜后，在案板上撒少许食盐，以洗碗海绵轻轻刷洗后，再用清水冲洗，便能去除案板上的腥味。热水会让蛋白质变硬，反而无法去除腥味，请务必谨记。

清洁燃气灶上的油渍
燃气灶上容易附着油渍，即使用厨房餐巾纸擦拭也很难擦掉。此时，不妨撒上一些面粉后再擦拭。由于面粉能够吸收油脂，只要一张厨房餐巾纸就能将燃气灶擦干净。

轻易去除大蒜皮
将大蒜放入有盖子的桶中，盖上盖子慢慢摇晃约 30 秒，大蒜皮便会脱落或呈现快要脱落的状态。

酥脆的油炸面衣制作法
面粉放入冰箱冷藏；将鸡蛋与冰水（或是冷水）均匀混合后，再倒入冰凉的面粉轻轻搅和。搅拌一段时间后即使仍有小块面团也无妨。这样做就能制作出酥脆感十足的炸物。

加大牛仔裤裤腰的小妙招
牛仔裤的腰部变紧无法再穿时，可在清洗牛仔裤后，以小型伸缩棒撑开裤腰处晾干，裤腰部分就会变宽。

让花瓶里的花保鲜期延长
通常花瓶内会装满水再插入花，这样很容易产生杂菌使花茎腐烂。建议花瓶内的水不要装满，只要装 3—5 厘米的高度，并时常更换水，就能延长花的保鲜期。另外，像是郁金香这类花茎很粗的花，在花瓣正下方的花茎处以针戳洞，花吸收的水量就会减少，生长变慢，同样能延长花的保鲜期。

让便条纸不易往上翻的撕法
一般便条纸都是由下往上撕，这样撕下来的便条纸若再贴上时，下端就容易往上翻。若是改由侧边将便条纸撕下，就能够避免便条纸往上翻的情况发生。